GUIDE-PRATIQUE

DES ÉLEVEURS

DE SANGSUES,

Par Louis Vayson.

DEUXIÈME ÉDITION,

REVUE, CORRIGÉE ET CONSIDÉRABLEMENT AUGMENTÉE,
ORNÉE DE SEPT PLANCHES.

<table>
<tr><td>

A PARIS,

CHEZ J.-B. BAILLIÈRE,

LIBRAIRE,

Rue Hautefeuille, 19 ;

MÊME MAISON

A LONDRES, MADRID ET NEW-YORK

</td><td>

A BORDEAUX,

CHEZ TH. LAFARGUE,

IMPRIMEUR-LIBRAIRE,

éditeur,

Rue Porte-de-Begyes-Cap, 8

</td></tr>
</table>

1857.

GUIDE-PRATIQUE

DES ÉLEVEURS

DE SANGSUES.

BASSIN A SANGSUES, Créé par Monsieur le Docteur ROLLET, Médecin en chef de l'hôpital militaire de Bordeaux, dans son Domaine DE MONSALUT.

GUIDE-PRATIQUE

DES ÉLEVEURS

DE SANGSUES,

Par Louis Vayson.

DEUXIÈME ÉDITION,

CORRIGÉE ET CONSIDÉRABLEMENT AUGMENTÉE;

ORNÉE DE SEPT PLANCHES.

<table>
<tr><td>A PARIS,
CHEZ J.-B. BAILLIÈRE,
LIBRAIRE,
Rue Hautefeuille, 19.
MÊME MAISON
A LONDRES, MADRID ET NEW-YORK.</td><td>A BORDEAUX,
CHEZ TH. LAFARGUE,
IMPRIMEUR-LIBRAIRE,
éditeur,
Rue Puits de Esprit-Cap, 8.</td></tr>
</table>

1855.

A l'Économiste éminent, au Rapporteur exact et lucide des Assemblées législatives, à l'administrateur habile et laborieux dont la vigilante initiative a su donner à la Marine de la France, une ère de grandeur et de prospérité,

à Son Excellence

MONSIEUR

THÉODORE DUCOS,

Ministre de la Marine et des Colonies,

Son très-humble et très-obéissant serviteur,

Louis VAYSON.

AVERTISSEMENT.

Lorsque vers la fin de l'année 1852, nous fîmes paraître la première édition de cet ouvrage, ce ne fut que par des motifs de l'ordre le plus élevé, que nous nous déterminâmes à soumettre au jugement du public ce résumé incomplet de nos longues et consciencieuses études.

Sans nous dissimuler les lacunes et les imperfections de notre travail, nous crûmes alors servir les intérêts généraux du pays, en publiant les premières notions d'une industrie à peine connue, née, par l'effet du hasard, comme un bienfait inattendu.

En faisant connaître au reste de la France, les heureux résultats d'une découverte qui devait dissiper les craintes d'une disette de sangsues , nous espérâmes que le public serait indulgent pour notre œuvre , en faveur de son opportunité.

Mais la raison qui fut surtout assez puissante pour nous faire aborder cette première épreuve de la publicité , nous la puisâmes dans la prévision des dangers qui allaient environner le berceau de cette industrie.

Nos études et nos travaux nous avaient permis de mesurer toute l'étendue des bienfaits que cette découverte , maintenue dans de sages et judicieuses limites , devait apporter dans l'hygiène et l'économie publique. Pouvions-nous donc ne pas la considérer comme gravement compromise , en voyant les immenses proportions qu'on s'efforçait de lui donner , sans que personne se préoccupât du plus ou moins de convenance des localités , ou cherchât à améliorer ce que le mode primitif d'exploitation pouvait avoir de vicieux et de répulsif pour les populations étonnées?

Ainsi que les évènements l'ont prouvé , n'était-il pas inadmissible de croire , que les Ingénieurs , le Conseil d'hygiène et tous les hommes éclairés , verraient sans effroi cet envahissement rapide et presque subit des abords d'une grande cité , par une suite de marais surgissant de nouveau dans des lieux que nos pères s'étaient efforcés de dessécher et de livrer à la culture ?

Évidemment, cet oubli général des notions les plus vulgaires, que le temps et l'expérience de tous les peuples ont fait admettre sur cette matière, ne pouvait passer inaperçu.

Nous prévîmes dès-lors les luttes inévitables, les oppositions dangereuses que l'imprévoyance des éleveurs leur préparait dans l'avenir. Et comme l'industrie pouvait disparaître dans ces luttes, comme son expulsion radicale de notre sol pouvait, dans un moment d'épouvante publique, devenir la conséquence de la première réapparition du choléra ou de tout autre épidémie, nous écrivîmes notre livre, afin d'appeler l'attention de tous sur un système nouveau d'éducation que nous avions longtemps étudié, et qui nous paraissait réunir les meilleures conditions de succès et de salubrité publique.

De notre part, ce ne fut, comme on le voit, qu'un cri d'alarme et de prudence, qu'un simple jalon timidement planté sur une route nouvelle, plus difficile peut-être que celle où chacun se hâtait de s'engager, mais débarrassée du moins de tous les dangers que nous voyons s'accumuler à l'horizon de cette industrie.

Notre attente n'a pas été trompée ; nous avons vu plusieurs éleveurs adopter presque aussitôt notre système d'éducation, en tout ou en partie. De plus, l'accueil plus que flatteur dont les administrations, les Corps savants, les hommes de progrès, ont daigné honorer notre modeste publication ; l'adoption de notre système par les Ingénieurs et par le Conseil d'hygiène et de salubrité de la Gironde, ont été la récompense la plus flatteuse que nous pussions ambitionner.

Nous sommes heureux de pouvoir leur offrir ici l'expression de notre profonde reconnaissance.

Cette bienveillance, en nous imposant de nouveaux devoirs, a été pour nous un stimulant bien puissant pour persévérer dans notre voie, et pour nous engager à suivre, avec encore plus d'intérêt, la marche et les progrès de cette industrie.

Comment, du reste, aurions-nous pu ne pas y persévérer ?.... Dans la période de ces deux dernières années, nous avons vu toutes nos craintes se réaliser !.... Des pétitions formidables contre le voisinage des marais, signées et adressées à l'autorité, par les populations elles-mêmes !... l'existence des vastes établissements des bords du fleuve, mise en question !.... Leurs propriétaires, subir des enquêtes toujours fâcheuses !.... Et nous les voyons, à l'heure où nous écrivons ces lignes, dans l'attente et sous la menace d'une réglementation dont ils ne peuvent pas prévoir le but et la portée : Et cela, malgré les louables efforts qu'ils ont faits pour assainir leurs marais, et malgré les améliorations réelles qu'ils ont apportées dans leur mode d'exploitation.

Ne semblerait-il pas que tant de motifs d'inquiétude auraient dû arrêter l'engouement irréfléchi qui s'est emparé de tous les esprits au sujet de cette exploitation ?... Il n'en est rien cependant ! Et, puisque les mêmes causes subsistent, qu'elles se sont plutôt aggravées qu'amoindries, nous publions cette seconde édition de notre *Guide - pratique*, dans l'espoir de détourner quelques éleveurs nouveaux de la voie dangereuse que leur indique une routine intéressée et souvent peu scrupuleuse.

Puissions-nous les tenir en garde contre le mirage trompeur, que fait briller à leur imagination séduite, le succès réel mais éphémère, de quelques-uns des premiers exploiteurs ! Puissions-nous surtout leur inspirer un redoublement de prudence, en présence de l'éventualité d'une exploitation nouvelle tellement restreinte, quant à l'espace qu'elle doit occuper, que les proportions relativement si exiguës de notre système, pourront même devenir superflues.

L'industrie de l'élève des sangsues est encore dans la barbarie de son enfance ; et, bien qu'elle se soit développée outre mesure, sous le rapport du nombre des éleveurs et des terrains qu'elle a envahis, le progrès se montre à peine dans les améliorations qui se sont produites dans ces derniers temps.

Ces améliorations cependant sont assez remarquables, pour que nous ayons cru devoir leur consacrer un chapitre spécial. Nous ne l'avons fait qu'après un long et sévère examen; qu'après avoir assisté et avoir aidé nous-même aux expériences nombreuses qui en ont fait reconnaître la réalité.

Il en est deux, principalement, sur lesquelles nous appelons la sérieuse attention de l'autorité, des médecins et des administrateurs des hospices. Ce sont celles qui se rattachent à la purification et à la conservation des sangsues. Ce sont là les deux points de la question qui intéressent, véritablement, toutes les classes de la société; les seuls dont l'heureuse solution pourra procurer cette réduction de prix réclamée, depuis longtemps, dans l'intérêt des classes les plus pauvres. Si ce résultat n'avait pas été atteint, la société aurait été fort peu intéressée à ce que quelques individus produisissent une grande quantité de sangsues.

Nous avons conservé la forme et la division de notre premier travail, en nous efforçant de corriger les erreurs qu'une expérience nouvelle nous a fait reconnaître; et en l'augmentant des faits nouveaux dont nous avons été témoin, ou que nous devons à l'obligeance de nos amis. Il en est un de très-important, en ce qu'il permet la nutrition des sangsues hors des bassins, et qu'il donne ainsi une valeur nouvelle à notre système.

Pour nos lecteurs éloignés, les descriptions de localités étant toujours insuffisantes, nous avons reproduit, dans une suite de planches, la vue de quelques établissements où on élève des sangsues, ainsi que les figures des appareils de conservation faisant l'objet des perfectionnements nouveaux.

Nous avons cru devoir ajouter également, les principaux rapports du conseil d'hygiène et de salubrité de la Gironde. Ces documents officiels, émanant du seul département où l'éducation des sangsues soit pratiquée sur une vaste échelle, doivent présenter un vif intérêt à ceux qui voudront étudier la marche et les progrès de cette industrie, et connaître les inquiétudes qu'elle a inspirées.

Ainsi que dans la première édition, nous nous sommes abstenu avec un religieux respect, de reproduire ou de parler de l'organisation et des diverses espèces de sangsues. Devant le magnifique atlas qui accompagne *la Monographie de la famille des Hirudinées*, et que son auteur, M. Moquin-Tandon, a dessiné avec autant de talent que de vérité, notre abstention nous a paru de la sagesse. Nous ne pouvons que renvoyer nos lecteurs à cet ouvrage si remarquable de notre maître et de notre ami ; il leur est indispensable , s'ils veulent se livrer à l'élève des sangsues.

Nous plaçons notre nouveau travail sous l'égide des mêmes patronages élevés qui avaient daigné encourager nos premiers essais ; puisse-t-il y rencontrer le même accueil et la même bienveillance !

Bordeaux , le 1.er Juillet 1854.

GUIDE-PRATIQUE

DES ÉLEVEURS

DE SANGSUES.

CHAPITRE Ier.

Considérations générales.

Il faut être bien pénétré de son sujet, l'avoir longuement étudié dans ses causes et dans ses effets, pour se déterminer à publier un système quelconque, surtout lorsqu'il s'agit d'offrir à la critique, des aperçus nouveaux sur un fait naturel peu connu, que chacun peut juger différemment, suivant ses habitudes, son intérêt ou son caprice.

Nous sommes tellement convaincu de cette vérité, tellement désireux d'être simplement utile, dans la mesure de nos forces, que nous ne pourrions trop le répéter : le travail que nous présentons de nouveau aux éleveurs, aux négociants, à tous ceux, en un mot, qui s'occupent des sangsues, n'est que le simple exposé des faits et des observations que cinq années de pratique et d'études sérieuses nous ont permis de recueillir. Ce n'est pas une œuvre scientifique que nous leur offrons, cette tâche a été trop bien remplie par l'honorable et savant professeur à qui nous devons la *Monographie de la famille des Hirudinées* [1] ; ce sont simplement des déductions tirées des circonstances et des phénomènes dont nous avons été témoin dans des localités différentes. C'est la nature prise sur le fait, suivie jour par jour dans son admirable organisation, dans ses développements successifs, sujet continuel d'étonnement et d'admiration pour le savant, l'observateur et le philosophe.

Notre ouvrage n'a d'autre prétention que celle de devenir un simple *manuel* destiné à guider les premiers pas des agriculteurs ou des industriels qui voudront se livrer à l'*élève des sangsues*, et qui, trop éloignés des lieux de production déjà existants, pour suivre l'exemple de leurs devanciers et pour s'éclairer de leurs erreurs, pourront puiser dans notre travail les premières notions indispensables à leurs débuts dans cette industrie.

Le genre de nos études et le but que nous nous sommes proposé en écrivant ce livre, nous obligent à envisager la question qui nous occupe, sous deux faces bien distinctes. La première embrasse l'éduca-

____

[1] Montpellier, 1827, 1.re édit., in-4.° avec 7 planches, et Paris, 1846, 2.me édit., in-8.°, avec un atlas de 14 planches.

tion proprement dite des sangsues médicinales et tout ce qui s'y rattache ; la seconde, leur utilité au point de vue de l'humanité, et les difficultés qui amoindrissent les services qu'elles rendent.

L'éducation et la reproduction de ces précieuses annélides étant désormais un fait acquis à la science, parfaitement constaté par plusieurs années de pratique et de succès soutenus dans le département de la Gironde, nous devons, pour mieux faire apprécier les bienfaits de cette heureuse découverte, jeter un coup-d'œil rétrospectif sur les causes qui se sont opposées, jusqu'ici, à l'emploi de cet animal dans l'état de vigueur et de purification qui le rendent si utile. Ce point de la question étant, à nos yeux, celui qui intéresse plus particulièrement toutes les classes de la société, mérite d'être traité avant tous les autres.

Ces causes sont nombreuses : la principale est, sans contredit, l'usage à peu près général que l'on a fait des *sangsues étrangères*, depuis que le dépeuplement des marais naturels de la France nous a obligés à aller nous alimenter au loin.

L'éloignement des lieux de production nécessite pour leur transport des précautions minutieuses qui ne sont pas toujours bien observées. On entasse les sangsues qui viennent par mer, et c'est le plus grand nombre, dans des baquets remplis d'argile pétrie et humide, après qu'on leur a fait subir un séjour plus ou moins long, dans les magasins des expéditeurs éloignés.

Nous avons assisté à Marseille, à la réception et à la vente immédiate des sangsues qu'on y reçoit en si grande quantité, et nous avons compris la cause de l'état de souffrance de la plus part, en voyant à la surface d'un grand nombre de ces baquets, des couches entières de sangsues mortes dont la putréfaction avait corrompu la masse d'argile, et fortement altéré la santé des survivantes.

Le contenu de ces baquets avariés subit une diminution de prix ; mais le négociant en gros qui les achète et qui expédie immédiatement dans toute la France les sangsues malades qui survivent ; les entreposeurs de Paris et des grandes villes qui les revendent aux pharmaciens, aux hôpitaux, aux marchands de second ordre, leur font subir, quelquefois à leur insçu, des pertes considérables qui élèvent forcément le prix de ces annélides.

L'époque de leur voyage est, à elle seule, une autre cause de maladie et de mortalité inévitable, pour toutes celles qui étant expédiées à la fin du printemps ou dans l'été, subissent un déplacement contraire à toutes les lois de la nature qui ne perd jamais ses droits.

Cette vérité sera facilement comprise, lorsque nous dirons que c'est l'époque de l'accouplement et de la ponte. Sortir les sangsues du marais, dans ce moment critique, pour leur faire subir les fatigues d'un long et pénible voyage, c'est leur occasionner ces maladies qui les rendent impropres au service médical, ou les vouer à la mort.

De plus, la cupidité de quelques négociants intermédiaires, qui, des lieux éloignés de production, les expédient en Europe, pour être vendues en gros, dès leur arrivée, est encore une cause de mortalité qu'on ne saurait trop signaler. Ces négociants, pour augmenter la pesanteur de leur *marchandise*, qui se vend au poids aux risques et périls de l'acheteur, gorgent artificiellement leurs sangsues, au moment de les expédier, avec du sang provenant de l'abattoir. Cette nourriture, qui ne leur convient qu'imparfaitement, leur est particulièrement fatale dans les conditions où on les place pour voyager. Ses effets désastreux ne sont pas immédiats, il est vrai, mais la mortalité des sangsues n'en est pas moins assurée. Ce sang ne peut être digéré; il se corrompt peu à peu dans le tube digestif et étouffe l'animal.

Les conséquences de cette avidité de gain sont incalculables; nous en avons été la victime. Nous voulions acclimater et faire reproduire plusieurs races étrangères qui réussissent fort bien en France; nous en jetâmes dans notre marais plusieurs kilogrammes arrivés depuis peu de Marseille. Le gorgement artificiel de ces sangsues devait remonter à plus d'un mois : quelques jours après, la plupart étaient mortes et les autres fort malades.

Aux éleveurs, comme aux administrateurs des hospices, aux pharmaciens et à tous les négociants qui font le commerce des sangsues, nous ne saurions trop recommander de se tenir en garde contre cette fraude inique, qui, grossièrement pratiquée à son début, se fait peut-être aujourd'ui avec plus de retenue, mais n'en est pas moins désastreuse.

Comme la plupart des annélides, les sangsues médicinales changent d'épiderme plusieurs fois dans l'année. Cette opération est très-laborieuse pour elles : elle constitue un véritable état de malaise ou de maladie qui se manifeste par un étranglement nommé très-improprement la *piqûre*, et dont nous aurons à nous occuper plus loin. Pour traverser sans de trop graves dangers ce moment critique pour elles, les sangsues doivent être dans la terre où la nature leur vient en aide. Cette maladie est beaucoup plus sérieuse, si, comme cela arrive fréquemment, elles en sont atteintes dans le cours de leur voyage, ou lorsqu'elles sont captives dans les vases où on les conserve généralement.

Les sangsues médicinales sont plus terrestres qu'aquatiques ; or, si, à toutes ces causes de maladie, on ajoute le séjour forcé qu'on leur fait subir, à la suite de leur voyage, dans des vases remplis d'eau, où elles sont toujours entassées en grande quantité, on comprendra la mortalité qui règne parmi ces annélides, dans l'état de domesticité.

Ce séjour trop prolongé dans l'eau, ne peut qu'augmenter leurs souffrances. Il occasionne cette langueur, ce peu d'empressement qu'elles mettent à *piquer*. Elles qui, dans leur état normal, se précipitent aveuglément et sans aucun instinct du danger, sur toutes les proies vivantes qui sont à leur portée, on les voit indolentes et dégoûtées de ce sang dont elles sont pourtant si avides. On a besoin, alors, de les exciter par plusieurs moyens; mais jamais, dans ce cas, l'émission sanguine n'est complète. Elles pompent un instant; puis fatiguées, elles abandonnent le malade. Ainsi, tout est dérangé en elles, leur santé comme leur service.

Nous nous sommes longuement étendu sur les graves abus que présente l'emploi des sangsues étrangères, pour faire ressortir avec plus d'évidence la différence qui existe entre elles et celles que l'on retire journellement du marais, dans un parfait état de purification, et après le long jeûne qui la procure.

Les causes qui produisent l'infériorité des sangsues étrangères, et même de nos indigènes conservées depuis trop longtemps hors du marais [1], étant inhérentes à l'état anormal qu'elles subissent les unes et les autres, il serait inutile de chercher à y porter remède autrement qu'en revenant à la nature, et en demandant, chaque jour à nos marais, ce que nous allons chercher si loin, avec si peu de succès.

L'impôt que la France et généralement toute l'Europe occidentale supportent, est d'autant plus onéreux,

---

[1] Des expériences nouvelles et souvent répétées, nous ont fait reconnaître que nos sangsues indigènes ne peuvent pas être conservées plus d'un mois, sans que la mortalité commence dans les vases, ou qu'elles soient frappées d'incapacité. Nous nous étendrons très-au long sur cette grave question, dans le chapitre qui traite des perfectionnements.

qu'il ne remplit que rarement les vues du praticien, pas plus qu'il ne répond aux espérances des malades. Cet impôt paraîtra doublement inutile et odieux, si on réfléchit aux graves conséquences qu'il peut entraîner, les marchands étant toujours intéressés à se débarrasser, de prime-abord, de celles de leurs sangsues qui sont les plus souffrantes au fond de leurs vases.

Il n'en serait pas ainsi, sous aucun rapport, si dans chaque département de la France, des marais bien administrés livraient, jour par jour, et dans toutes les saisons, les sangsues nécessaires à sa consommation, dans un état de santé et d'avidité convenables.

La possibilité d'avoir ces marais nous est si bien démontrée, par les exemples que nous avons sous les yeux, qu'il nous suffira de l'indiquer, pour qu'elle se réalise dans un temps très-court. C'est l'objet, le but de nos vœux et de nos efforts; persuadé que nous sommes, que le Gouvernement, gardien vigilant de la santé et de la fortune publique, prohibera l'importation des sangsues étrangères, aussitôt qu'il la jugera nuisible.

Nous ne terminerons pas ces considérations générales, sans faire un appel, tout particulier, au patriotisme et à l'esprit de charité si éclairée qui distinguent les administrateurs de nos hospices. Nous le faisons avec d'autant plus de confiance, que nous leur offrons une amélioration et une économie considérable, dans l'une des dépenses les plus importantes du service médical.

On ne saurait, en effet, établir d'analogie entre les

sangsues employées généralement aujourd'hui dans tous les hôpitaux, et qui ont supporté toutes les épreuves que nous venons d'énumérer, et celles qui sont journellement retirées du marais dans un état parfait de purification.

Cette vérité, que l'expérience confirme tous les jours, doit immédiatement provoquer une économie très-considérable, soit qu'on organise pour le service des hôpitaux un marais spécial et d'une dépense première fort minime [1], soit que, renonçant au système vicieux qui est en vigueur, on s'adresse à un éleveur placé dans les meilleures conditions de production et surtout de purification.

Nous affirmons, sans crainte d'être démenti, que cette économie serait de plus de moitié de la dépense actuelle. Elle reposerait sur deux points très-importants : l'absence de mortalité d'abord ; ensuite, sur ce que les sangsues sorties du marais dans toutes les conditions requises, étant beaucoup plus avides, la moitié, au moins, de celles qu'on achète par soumission, suffirait pour le service.

On pourrait alors abandonner les moyens artificiels du dégorgement en rejetant dans des marais spécialement organisés pour la reproduction, les sangsues qui ont servi, et dont l'application nouvelle est une cause de répugnance pour les malades.

---

[1] Les marais domestiques dont nous nous occuperons plus loin, suffiront à tout le service.

On ne saurait trop s'appesantir sur l'inutilité du dégorgement artificiel des sangsues qui ont servi. Il y a dans ce fait une question de premier ordre, au point de vue de l'utilité que la science médicale retire de ces annélides ; cependant, nous avons hésité à en parler, ne pouvant que condamner les différents modes de dégorgement qui sont en vigueur dans presque tous les hôpitaux, dans un but d'économie fort louable sans doute [1]. Devant l'autorité des noms qui les ont préconisés, il nous semblait téméraire, à nous industriel ignoré, de nous inscrire en faux contre une mesure si généralement admise. Mais nous écrivons sous l'empire d'idées nouvelles. Simple observateur de la nature, nous ne faisons que raconter nos impressions et nos études. Que les hommes spéciaux, que les praticiens, que les savants nous pardonnent donc une incursion dans leur domaine.... Nous la ferons avec toute la réserve que nous commande notre infériorité scientifique, en nous appuyant, d'une part, sur l'opinion de l'Académie de Médecine de Paris [2],

[1] Voyez sur ces divers modes de dégorgement : Moq.-TANDON, *Monogr.* page 271.

[2] Voir le rapport inséré dans le *Bulletin de l'Académie de Médecine de Paris*, du mois de Février 1848, p. 613.

Nous nous bornons, vu son étendue, à ne retracer ici, que les conclusions de ce rapport, adoptées à l'unanimité par l'Académie de Médecine, page 660.

CONCLUSIONS DU RAPPORT.

D'après les considérations développées dans ce rapport, la Commission propose à l'Académie de prendre les résolutions suivantes :

Demander à M. le Ministre du Commerce qu'il veuille bien ordonner et de l'autre, sur l'auteur que nous aimons tant à citer, dont le savant écrit nous a toujours servi de conseil et de guide.

Nous le disons donc, avec une conviction profonde : si tous les dégorgements artificiels occasionnent une légère économie dans la dépense première des hôpitaux, l'art médical ne peut qu'y perdre, et nous espérons qu'ils seront radicalement abandonnés, en raison même de cette économie et lorsqu'elle sera mieux comprise.

des mesures propres à favoriser la multiplication des sangsues en France, et à empêcher la vente des sangsues gorgées ou de mauvaise qualité.

A cet effet :

1.º Défendre la vente des sangsues gorgées dans toute la France, et soumettre le vendeur à une pénalité sévère.

2.º Obliger ceux qui font le commerce des sangsues à désigner sur leurs factures la variété des sangsues dont ils font livraison.

3.º Interdire la pêche des sangsues pendant les mois de l'accouplement et de la ponte ; en laissant à chaque préfet, le soin de fixer l'époque de la pêche dans son département.

4.º Interdire la pêche et la vente des sangsues pesant moins de 2 grammes ou plus de 6 grammes.

5.º Autoriser, cependant, la vente de ces sangsues, par exception, quand elles sont destinées à peupler des réservoirs ; mais ne l'autoriser que sur une décision du préfet, faisant connaître la quantité de ces sangsues et leur destination.

6.º Par une mesure transitoire, interdire la pêche des sangsues en France pendant 6 ans.

7.º Faire une obligation aux hôpitaux de déposer les sangsues qui ont servi, dans des réservoirs assez vastes pour qu'elles puissent s'y dégorger et y multiplier.

Qu'à une époque peu éloignée de nous, lorsque l'éducation des sangsues était réputée fort difficile, que leur rareté et leur prix allaient sans cesse en augmentant, on se soit livré à toutes les expérimentations qui se sont faites sur cette matière, cela se conçoit.... Mais, aujourd'hui, que la pratique et une expérience de plusieurs années permettent à l'industrie agricole de dominer et diriger, à son gré, une éducation qui ne présente, au contraire, aucune difficulté, persister dans cette voie, ce ne serait pas de la sagesse ; et nous aimons à penser que tous les bons esprits partageront notre manière de voir.

Comme économie, celle qui résulterait du renvoi immédiat dans nos marais de production, de toutes les sangsues qui ont servi, et qui, par cela seul, sont admirablement préparées pour se reproduire, serait énorme. Le sang de l'homme leur est tout aussi profitable que celui des animaux ; mille exemples le prouvent.

Pour se faire une idée exacte de cette économie, nous engageons nos lecteurs, à ouvrir *la Monographie de la famille des Hirudinées*, à l'article de la consommation des sangsues dans les hôpitaux [1]. En prenant une moyenne de dix années, on verra ce que le Gouvernement et les administrateurs des hospices civils de Paris, auraient pu économiser, et quelles richesses ils auraient acquises, s'ils avaient affecté à la re-

---

[1] Pages 216 et suivantes.

production toutes les sangsues qu'ils ont perdues par les dégorgements, ou par leur abandon pur et simple. La moitié des marais de la France s'en trouveraient richement peuplés aujourd'hui, en admettant même que le tiers seulement de celles qui ont été sacrifiées, eût survécu à la succion qu'elles venaient de faire.

Si l'on songe qu'une *grosse* sangsue qui a été largement nourrie, produit toujours de 20 à 24 germes; et s'il est vrai que la consommation des hôpitaux de la France s'élève à 1,500,000 [1], on demeure émerveillé en voyant à quel chiffre fabuleux on aurait pu, ou on pourra atteindre dans quelques années.

Ceci n'est point une théorie vague sans autorité et sans portée; c'est un fait incontestable, réalisable quand on le voudra, et qui n'exige, pour son exécution, qu'un peu de soins et de prudence.

Il nous paraît peu probable que les hommes de talent qui dirigent les pharmacies de nos hôpitaux, ne nous viennent pas en aide, pour propager notre industrie, et faire proscrire, plus tard, les dégorgements artificiels, comme inutiles ou nuisibles.

Nous ne pouvons nier qu'une sangsue dégorgée ne puisse servir deux ou trois fois; mais ce que nous ne pouvons admettre, c'est que la seconde et la troisième fois, son service soit le même. Or, pour les médecins qui ordonnent une saignée locale, souvent fort impor-

[1] Moquin-Tandon, *Monogr.*, p. 217. — La consommation pour toute la France est évaluée à environ 12 millions de sangsues.

tante, il n'est pas indifférent d'avoir des instruments parfaits ou imparfaits. Pour nous, qui n'admettons même pas de similitude entre nos sangsues conservées pendant longtemps hors du marais et celles que nous en retirons chaque jour, nous ne pouvons concevoir que ces animaux, soumis à toutes les tortures qu'on leur fait subir, aient une grande valeur.

Nous avons, sous les yeux, les différents moyens employés pour faire dégorger les sangsues[1]. Tous ne sont que des irritations plus ou moins vives, des empoisonnements incomplets, des pressions mécaniques, qui, en provoquant le vomissement du sang ingurgité, ne peuvent qu'occasionner un malaise plus ou moins grand, ou une véritable maladie.

On peut se servir de nouveau, il est vrai, des sangsues dégorgées, après quelques jours de repos, mais dans quelles conditions, et quel sera leur service !....

S'il est prouvé que ces hirudinées sont douées d'une très-grande ténacité à la vie, il faut également reconnaître que la nature leur a accordé une assez vive sensibilité; et que leurs fonctions sont fortement altérées ou totalement suspendues par les acides et les autres excitants mis en usage.

Le tabac, par exemple, est pour elles un poison assez violent. Nous en donnerons une preuve quand nous parlerons de la pêche et des précautions qu'elle exige;

[1] Voyez Moq.-Tand., *Monogr.*, p. 271.

et, cependant, nous voyons le tabac employé pour le dégorgement !...

D'autres se servent du vinaigre, du vin, de la bière, de l'eau de mer, du sel, de l'alun, des cendres, du sucre, de l'infusion d'absinthe, etc. Quelques-uns vont plus loin.... et nous lisons que la Société d'encouragement a récompensé l'auteur d'un mémoire, qui proposait de faire une incision sur le dos des sangsues gorgées, pour en extraire le sang.

Un savant naturaliste s'est amusé, devant un congrès médical, à vider bien plus complètement encore une sangsue ; il la retournait comme un gant, il lavait ensuite son intérieur, et remettait ou croyait remettre ses organes dans leur situation normale, affirmant, qu'après cette bizarre opération, l'annélide était propre à servir immédiatement.

Cette dernière opération est curieuse, sans doute, peut-être même admirable comme dextérité des mains ; mais elle est absurde au point de vue anatomique ou physiologique, et sans utilité, comme sans portée, au point de vue pratique.

La Providence a donné aux sangsues le fluide sanguin pour nourriture, et, en raison de la quantité qu'elles en absorbent, à des intervalles très-éloignés, une digestion longue et laborieuse qui ne peut être bien faite que dans le milieu qu'elle leur a assigné.... Restons donc dans les voies de la nature et rendons-lui, après nous en être servi, un animal précieux que nous retrouverons, quelques temps après, parfaite-

ment disposé à un nouveau service et entouré d'une
nombreuse progéniture. Ces deux résultats, la purification et la multiplication, nous paraissent préférables
au dégorgement le mieux entendu et le plus habile-
ment pratiqué. Ils seront facilement réalisés partout,
attendu que les sangsues médicinales sont originaires
de toutes les contrées du globe.

En effet, les pays situés sous l'Equateur, comme
le Sénégal, produisent des sangsues en abondance;
il en est de même de la Russie et de la Suède. On remarque seulement que les sangsues des zônes tempé-
rées sont plus parfaites, dans leur état normal, bien
entendu. Telles sont celles de la France, de l'Angleterre et généralement de toute l'Europe.

La France possède des marais considérables où les
sangsues se reproduisaient jadis en grande abondance.
Il y a vingt-cinq ans à peine, cette production était si
considérable dans plusieurs de nos départements, qu'il
y avait danger à laisser les troupeaux paître et s'abreuver dans les marais. Rien n'empêche qu'elles puissent
de nouveau s'y multiplier.

La consommation de ces annélides s'étant rapidement
accrue, et leur prix s'étant élevé de plus en plus, en
raison de leur rareté, de nombreux pêcheurs cher-
chèrent dans ces marais des moyens d'existence assurés et faciles, et quelques années leur suffirent pour
les dépeupler presque complètement. Le même fait se
reproduisit dans toute l'Europe occidentale. Il explique la disette qui se manifesta partout et força nos

négociants à s'adresser à la Hongrie et à l'Orient,
malgré les difficultés et les mauvaises conditions que
nous avons déjà signalées.

Cet état de choses va bientôt cesser pour la France,
grâce à la production des nombreux établissements
de la Gironde, et aussitôt que la totalité de leurs produits, au lieu de servir à peupler de nouveaux marais,
sera complètement livrée à la consommation. Nous ne
craignons pas d'affirmer qu'il y a là des éléments plus
que suffisants, pour satisfaire aux besoins de la France
et de ses colonies.

Mais si une disette de sangsues n'est plus à redouter
dans l'avenir, une préoccupation nouvelle doit nécessairement en résulter dans l'esprit de l'autorité supérieure et des hommes de dévouement chargés de surveiller la vente de ces annélides, comme aussi chez
les éleveurs, et ceux qui en font le commerce. Ces
derniers doivent bien se pénétrer de la nécessité où
ils vont se trouver, de veiller avec plus de soin que
par le passé sur la qualité des sangsues qu'ils livrent
aux malades. La lumière qui se fait peu à peu sur
les mœurs cachées de ces annélides, va leur imposer
de nouvelles obligations; leur intérêt les forcera à des
études plus sérieuses; mais par dessus tout, l'humanité
exigera d'une manière rigoureuse et absolue, que
toute liberté d'action ne leur soit laissée que dans certaines limites; car il s'agit ici de la santé et, quelquefois, de la vie des malades.

Les éleveurs, habitués à une facilité de transactions

résultant des besoins incessants des éleveurs nouveaux peu scrupuleux sur le choix de leurs sangsues, auront également à changer leurs habitudes, s'ils veulent prendre rang parmi les producteurs utiles et honorés.

Tout leur en fait une loi, la loyauté comme la prudence ; et lorsque nous voyons toutes nos administrations municipales s'entourer des hommes les plus éminents dans la science et par leur caractère, pour déjouer les ruses odieuses des falsificateurs des denrées alimentaires, n'est-il pas permis de prédire un redoublement de surveillance, à l'égard d'un agent thérapeutique d'une si grande utilité et si rarement parfait jusqu'à présent.

Il devient donc d'une incontestable utilité que les efforts de tous se dirigent, dès à présent, vers ces deux buts que nous ne cesserons d'indiquer : la *purification* et la *conservation rationnelles*. Ces deux points de la question la résument toute entière ; ils forment à eux seuls, la clé de voûte de cette industrie.

Par la *purification réelle* de leurs sangsues, les éleveurs s'assureront des débouchés certains, aussi faciles que réguliers.

Par la *conservation normale* de celles qu'ils sont obligés d'avoir sans cesse à la disposition du public, les marchands éviteront la grande mortalité qui les ruine, ainsi que les reproches que leur attire constamment l'incapacité de leur *marchandise*.

Pour nous qui, depuis deux ans, avons exclusivement dirigé nos nouvelles études vers ce complément indispensable de l'éducation des sangsues, nous croyons ces résultats complètement obtenus par les appareils dont nous parlerons plus loin, dans un chapitre spécial. Ces inventions, remarquables par leur utilité autant que par leur simplicité, nous paraissent destinées à former le trait-d'union qui manquait entre les producteurs et les consommateurs de sangsues.

Les longues épreuves auxquelles nous avons voulu les soumettre avant d'en parler, ont retardé depuis plusieurs mois la publication de ce livre. Nous en sommes heureux, car ces épreuves ont été tellement concluantes, que nous croyons de notre devoir d'en dire préalablement quelques mots.

Ainsi, par exemple, quelques centaines de sangsues gorgées sous nos yeux, il y a près de quatre mois, ont été immédiatement placées dans un *hirudoculteur* couvert d'un châssis vitré et exposé au soleil. Ces sangsues visitées par nous, après les chaleurs tropicales que nous venons de supporter, sont, non-seulement dans un état de santé admirable, mais encore elles se sont accouplées, et chacune d'elles a produit son premier cocon. Leur purification est très-avancée ; elles sont, de plus, toujours à la disposition de l'inventeur, tandis que les autres exploiteurs des marais desséchés, devront attendre l'automne prochaine pour pêcher leurs sangsues enfouies dans la terre.

Des résultats identiques sont également obtenus dans plusieurs petits *Marais domestiques* ou *portatifs*, que nous avons sous les yeux, dans lesquels nous pouvons suivre chaque jour, avec une facilité extrême, toutes les phases de la vie des sangsues.

Ces faits, aussi précieux pour l'humanité qu'intéressants pour la science, soulèvent le dernier coin du rideau qui nous cachait un point resté obscur de l'histoire naturelle de ces annélides. Nous en prenons date, dans la conviction où nous sommes qu'ils vont servir de point de départ à une révolution complète dans l'industrie et le commerce des sangsues. Aussi, bien que nous consacrions, ainsi que nous l'avons déjà dit, un chapitre spécial à la description des appareils qui les ont produits, nous ne pouvons résister au désir de les signaler d'une manière particulière aux administrateurs des hospices civils et militaires, en leur indiquant d'avance comment ces appareils leur seront utiles.

Ce n'est qu'en observant à leur égard, les mêmes règles que l'expérience a indiquées pour les grandes exploitations, que les *marais domestiques*, qui n'en sont qu'un diminutif, pourront rendre les plus grands services.

Comme première condition de succès, nous recommandons de ne confier à ces marais, que des sangsues saines et vigoureuses, sorties depuis peu d'un marais producteur, et n'ayant subi ni les fatigues d'un long voyage, ni un séjour successif dans les magasins de plusieurs commerçants.

Les sangsues qui survivent aux fatigues d'un long

voyage, conservent, pendant quelque temps, une irritation ou une surexcitation telles, qu'elles piquent avec fureur et fuyent des marais où on les jette. Après un séjour de quelque durée, dans un vase rempli d'eau, cette surexcitation disparaît ; un état de langueur lui succède ; et on voit, alors, l'animal, presque toujours inerte au fond de l'eau, faire des efforts incessants pour sortir de l'élément qui le fatigue et qui le tue. Alors, encore, les sangsues peuvent piquer si on les irrite, mais pour la plupart, une mort plus ou moins rapide est la conséquence de cette nourriture prise, non pas contre l'instinct de l'animal, mais, à coup-sûr, contre ses besoins du moment.

Nous regrettons de ne pouvoir donner à notre description la forme et les termes techniques adoptés par la science ; mais le fait s'est produit si souvent devant nous, lorsque nous faisions nos études sur l'acclimatation des races étrangères, que nous en garantissons l'authenticité.

La seconde condition exige une très-grande propreté chez les individus chargés de rejeter dans le *marais de purification*, les sangsues qui viennent de se gorger. Ils doivent le faire sans les laver et sans les toucher avec la main.

Dans l'état où se trouvent les sangsues après une succion complète, et que nous avons appelé l'*état de prostration*, leur sensibilité déjà très-grande, se trouve surexcitée outre mesure. Alors, si on les lave, leurs fonctions digestives sont suspendues, et leur mort est inévitable. Une transition subite de température est, du reste, tellement dangereuse dans toutes les circonstances, que nous avons vu, quelquefois, des sangsues être subitement frappées de mort si on les plongeait, pendant l'été et à leur sortie de l'eau tiède des marais, dans de l'eau de puits, de source ou de fontaine. Les odeurs fortes, les essences, les acides, etc., etc., leur sont également très-funestes; à leur moindre contact, les sangsues meurent ou dégorgent.

Telles sont les principales et bien simples précautions qu'auront à prendre les directeurs des pharmacies de nos hôpitaux, pour opérer une réforme aussi radicale que désirable dans cette partie de leur service. Ils devront abandonner la voie battue par la routine intéressée des marchands de sangsues, pour arriver à des moyens de conservation plus naturels; et nous leur prédisons les plus grands résultats, si la première de nos conditions, celle de l'origine et de l'état sanitaire des sangsues qu'ils achèteront à l'avenir, est religieusement remplie.

Les lois naturelles étant les mêmes pour tous les animaux, nous ne leur demandons, pour l'achat de leurs sangsues, que les mêmes mesures de prudence que l'on prend pour tous les autres animaux domestiques. Aujourd'hui que la chose est facile, ne pas s'y conformer, serait une faute.

CHAPITRE II.

Anciens systèmes d'éducation.

Lorsque nous nous livrâmes à l'éducation des sang-sues, nous n'avions, nous devons le dire, aucune connaisance des tentatives faites depuis si longtemps pour conserver ces animaux, les faire reproduire et les amener à une croissance complète.

Nous savions, seulement, que cette éducation avait été reconnue fort difficile, dans tous les pays.

Témoin, par hasard, d'un fait nouveau, inconnu au-delà d'un horizon très-borné, nous en comprimes de suite la valeur et nous en appréciâmes les consé-quences, sans nous enquérir de ce qu'avaient pu faire nos devanciers.

Nous l'adoptâmes avec empressement, parce qu'il nous parut naturel et devoir renfermer tous les élé-ments d'une réussite assurée.

Le succès vint justifier nos prévisions, encourager nos efforts ; et cette question, simplement industrielle à nos débuts, devint pour nous un sujet d'études sérieuses et intéressantes, comme le sont toutes celles qui ont pour objet les grandes œuvres de la nature.

C'est ainsi que nous fûmes conduit à rechercher les motifs qui avaient, pendant si longtemps, couvert d'un voile impénétrable, pour les industriels, les mœurs et les besoins d'un animal si utile à l'humanité, si répandu, devenu la source d'un si grand nombre de transactions commerciales.

Les recherches auxquelles nous nous livrâmes, nous démontrèrent, jusqu'à l'évidence, que nous étions dans la bonne voie, et que si, avant ce qui se pratique dans la Gironde, les éleveurs de tous les pays avaient échoué, ils ne le devaient qu'à leurs systèmes vicieux d'éducation qui, en général, paralysaient, détruisaient même les causes de la multiplication.

Quels étaient, en effet, les moyens de reproduction mis jusques-là en pratique ?

Quels étaient leurs résultats immédiats, les services qu'ils pouvaient rendre ?

L'exposé sommaire de ces divers systèmes nous paraît digne d'être présenté ; il ne sera pas sans intérêt et sans utilité, pour la science et pour l'industrie de les examiner.

La priorité est acquise aux tentatives faites pour nourrir ces annélides avec du sang provenant de l'abattoir.

Dans nos considérations générales , nous nous sommes longuement étendu sur la mortalité , l'incapacité , le peu de valeur de la plupart des sangsues étrangères, par suite du gorgement artificiel avec *du sang acheté à la boucherie et fort souvent altéré.*

Les mêmes causes produisent à peu près les mêmes effets dans le marais ; et , vouloir nourrir les sangsues de cette manière , ce n'est pas avoir le sentiment de ce qui leur convient , ou manquer de cet esprit d'observation qui doit être notre seul guide , pour tout ce qui touche aux lois naturelles que l'homme peut imiter, mais qu'il ne saurait changer impunément [1].

La Providence a donné aux sangsues médicinales (nous ne nous occupons que de celles-là), l'instinct et le besoin du sang, mais d'un sang chaud, puisé dans les veines d'un animal vertébré , plein de vie , et non d'un sang provenant d'un animal abattu , car on sait que le contact de l'air en dénature aussitôt la constitution.

Il est d'autres éducateurs qui , plus près de la vérité , leur ont fait sucer des animaux encore en vie , mais dans un tel état de maladie , que leur mort était presque immédiate. Par esprit d'économie ou par ignorance , ils livraient ainsi aux sangsues , des bœufs , des vaches ou des moutons , condamnés et repoussés par

---

[1] Dans le chapitre qui traite de la nourriture , nous parlerons des tentatives faites depuis peu , pour approprier le sang de la boucherie à l'alimentation des sangsues.

la boucherie. La nourriture corrompue, puisée par ces annélides, en de telles conditions, n'aboutissait qu'à des résultats négatifs, comme le système précédent.

Dans plusieurs départements du centre, quelques éleveurs se bornaient à faire construire des bassins en maçonnerie de plusieurs mètres de surface; ils les garnissaient d'une forte couche d'argile, les remplissaient d'eau et y jetaient ensuite les petites sangsues qu'on leur apportait des marais voisins. Après cela, ils attendaient patiemment leur croissance.

Ce mode d'éducation était, et est peut-être encore le plus usité. Ses résultats sont presque négatifs, par leur peu d'importance. D'où proviennent ces insuccès? Principalement, de ce que l'argile n'est pas un séjour agréable pour les sangsues. On peut s'en servir pour les faire voyager par mer; elle leur sert alors de prison humide et momentanée; mais dans l'état de nature et de liberté, ce n'est pas l'habitation qu'elles choisissent. Les sangsues ne peuvent que souffrir et végéter dans ces bassins, si mal appropriés à leur condition d'existence. Privées de nourriture, elles n'y acquièrent que très-lentement et très-rarement leur croissance.

Quelques négociants ont fait construire des bassins semblables, pour conserver les sangsues venues de l'étranger, dans la pensée de les en extraire au fur et à mesure des besoins de leur commerce. Ils n'ont pas mieux réussi; nous n'en voulons pas d'autres preuves que la nécessité où ils se trouvent de changer de temps

en temps, la masse d'argile de leurs bassins, à cause
de la corruption dont elle est imprégnée, par suite de
la mortalité considérable qui y règne toujours, parmi
les sangsues étrangères, déjà bien malades de leur
voyage. Ces annélides, dans les conditions fâcheuses
où elles se trouvent en arrivant, auraient besoin de
la plus grande liberté et du plus grand bien-être; et
on les place dans des bassins contre nature !....

Que les éleveurs n'oublient pas que les sangsues
sont plus terrestres qu'aquatiques; qu'elles sont même
tout-à-fait terrestres à l'époque de la ponte [1], et qu'il
y a inintelligence de leurs besoins réels, si on les place
dans des bassins ou dans des vases toujours pleins
d'eau.

A quelques variations près dans la grandeur, dans
la forme ou la matière de ces bassins, ils sont tous
à peu près les mêmes en Angleterre, en France ou en
Allemagne. La même organisation produisant toujours
les mêmes effets, les résultats ont été partout les mêmes. Sans nous étendre plus au long sur des moyens
qui seront partout abandonnés, mais que nous devions
faire connaître aux éleveurs, nous allons aborder les
deux systèmes d'éducation en vigueur dans la Gironde,
et dire quelques mots des divers marais naturels ré-
pandus sur la surface de cette riche et belle contrée.

Narrateur impartial, écrivant en vue d'enrichir
l'agriculture du reste de la France, d'une industrie

[1] Chatelain, Charpentier. Voyez aussi Moq.-Tand., *Monogr.*, p. 171.

qui n'y est que fort peu ou mal connue, nous devons agir ainsi, pour signaler aux éleveurs éloignés, les inconvénients de l'imitation trop servile de ce qu'une seule localité exige. Nous devons les tenir en garde contre cet esprit d'imitation qui n'est que trop commun dans les industries comme dans toutes les innovations, en les engageant à étudier la nature, à lire ce que la science a publié sur cette matière, et à n'appliquer l'un des deux systèmes, qu'après réflexion, et suivant les lieux où ils voudront exercer cette industrie.

Il existe deux sortes de marais dans le département de la Gironde.

Les uns sont situés au milieu de ses immenses landes. Ce sont des lagunes ou grandes flaques d'eau disséminées au milieu de leur vaste étendue, des *laîtes* ou *lèdes*, vallées profondes et marécageuses, situées au pied des dunes de sable, qui longent le littoral de l'Océan.

Ces marais sont alimentés par les eaux pluviales, par des sources ou par des ruisseaux.

Les eaux y sont généralement pures et limpides. Les sangsues qu'ils produisent et que nous appelons dans la Gironde, *vertes* et *grises* des landes, sont les plus estimées (elles sont connues ailleurs sous le nom de *vertes* et *grises de France*). Leur vigueur est remarquable et leur avidité rarement en défaut, par suite du long jeûne qu'elles subissent dans ces marais où la nourriture est peu abondante. Malheureusement, cette

race de sangsues disparaîtrait de nos contrées, si quelques éleveurs ne s'efforçaient de la conserver.

Ces marais naturels, ces vallées tourbeuses, si
abondamment peuplés de sangsues, il y a vingt-cinq
ans à peine, semblaient créés par la nature, pour devenir le siége principal de l'éducation perfectionnée
de ces annélides.

Disséminés dans des landes incultes et dépourvues
d'habitants, ces marais appropriés aux exigences
d'une exploitation régulière, seraient devenus une
source intarissable de revenus et de travail, pour les
industriels qui seraient allés peupler ces solitudes. Par
eux, les terres voisines de ces marais auraient été
cultivées ; des travaux d'irrigation auraient été entrepris, autant pour la création des prairies nécessaires
aux chevaux, que pour mettre les nouveaux établissements à l'abri des inondations si fréquentes, pendant
l'hiver, dans ces contrées désolées. Partout, la vie et
le travail auraient remplacé le silence et la misère ; et
les exploiteurs, tranquilles possesseurs d'une industrie
utile, ne seraient pas, comme aujourd'hui, ou une
menace perpétuelle pour les populations qui les entourent, ou ne seraient pas menacés par elles, quoiqu'ils
puissent dire et quoiqu'ils puissent faire pour les tran-
quilliser.

Économiste politique autant qu'industriel, qu'il
nous soit permis d'exprimer nos regrets, qu'une direction aussi sage, n'ait pas été donnée à cette industrie dès son début. Longtemps nous l'avons espéré;

et , pendant plusieurs années , nous avons consacré tous nos soins , usé notre santé , à l'étude pratique de son exploitation ainsi comprise. Nous avions assez médité sur le peu de stabilité des établissements fondés à grands frais dans des conditions opposées , pour ne pas en reconnaître les dangers , et , mieux qu'un autre, nous pouvons dire que bien des inquiétudes , bien des regrets à venir auraient été évités , si l'industrie de l'élève des sangsues , employée comme principe de fertilisation , avait été circonscrite dans le désert , sa patrie naturelle.

Les seconds marais sont situés sur les rives de la *Garonne et de la Dordogne* qui peuvent les couvrir de leurs eaux , au moyen d'écluses et à presque toutes les marées. Ils sont bornés : d'un côté, par la zone si fertile formée par les alluvions que ces fleuves déposent sur leurs rives en les élevant, et qu'on nomme *palus*; et par les coteaux et les plateaux des landes , de l'autre.

Ces terrains marécageux d'une immense étendue, puisqu'elle est évaluée à plus de 30,000 hectares, commencent aux portes de Bordeaux. L'histoire des diverses tentatives qui ont été faites pour leur complet desséchement , est curieuse et remplie de faits instructifs. On y voit par les édits , les ordonnances , les lois , les arrêtés qu'elles ont motivés et , surtout , par les concessions qui furent faites dans ce but , soit à des compagnies soit à des particuliers , combien tous les gouvernements , depuis près de trois siècles , ont attaché de prix à cette grande et utile mesure.

C'est dans ces terrains que l'industrie des sangsues a pris naissance et s'est si rapidement développée. C'est-là que nous devons puiser nos enseignements, et, par des études attentives, éviter les erreurs, les vices d'organisation que l'expérience met de plus en plus en lumière, et qui sont inhérents à tous les premiers établissements. Les erreurs et les vices d'organisation sont si nombreux dans le mode d'exploitation qu'on a adopté dans ces marais, que nous n'hésitons pas à le classer parmi les vieux systèmes, quoiqu'il soit à peine né d'hier.

De même que dans les landes, les sangsues y sont indigènes. Celles que ces marais produisent et que nous appelons *vertes payses*, sont de très-bonne qualité, mais toujours trop grasses : c'est-à-dire, que leur digestion n'est jamais complète.

L'organisation intérieure de ces marais est des plus simple. Chaque éleveur divise le terrain dont il dispose, en plusieurs *barrails* de un à deux hectares chaque, suivant la localité ; puis il entoure ces divisions de son marais, d'une digue en terre de 50 à 60 centimètres de hauteur, et d'une largeur à peu près égale, afin d'y retenir les eaux. La terre de ces digues est prise dans l'intérieur des bassins, et son extraction nécessite la création d'un fossé au pied de la digue. Voilà tout ce qui constitue l'arrangement intérieur de ces bassins, si nous y ajoutons un second fossé extérieur pour l'introduction et la sortie des eaux, au moyen d'une série de plusieurs petites pelles en bois.

Ordinairement, on ensemence les marais dans le courant du printemps ou au commencement de l'été, en jetant dans les bassins, couverts alors de 20 à 30 centimètres d'eau, le nombre de grosses sangsues qu'on leur destine, et qui peut varier à l'infini. Celles-ci s'y accouplent; et lorsque le 15 Juin est arrivé, on fait écouler les eaux, afin que les sangsues puissent faire leur ponte et déposer leurs cocons sur toute la surface du marais.

Du mois de Juin à la fin de Septembre, le marais reste ainsi desséché, et il importe beaucoup alors que le dessèchement soit aussi complet que possible. Il y a deux ans à peine qu'on remettait les eaux à la fin du mois d'Août, mais la perte énorme de cocons qui s'en suivait, a fait reconnaître aux éleveurs l'inconvénient de cette mesure trop hâtive. Les plus prudents attendent quelquefois jusqu'à la fin d'Octobre, et ils ont raison.

Lorsque l'eau couvre de nouveau toute la surface du marais, on introduit dans chaque bassin une quantité de chevaux proportionnée aux sangsues qu'on y a jetées, afin de nourrir ces sangsues ainsi que les myriades de *germements*, qui en proviennent. On laisse les chevaux dans les bassins jusqu'à ce que le froid fasse rentrer les sangsues dans la terre, et on les y remet au printemps, aussitôt que la température s'adoucit. On continue pendant trois ou quatre ans à agir de la sorte en augmentant, seulement, le nombre de chevaux, en raison de la grosseur et de la quantité de sangsues qui ne sont plus les mêmes.

Après cette première période de trois ou quatre années d'attente et de soins assidus , on commence à récolter en pêchant les grosses sangsues au printemps et
à l'automne. C'est alors seulement , que les pêches régulières commencent , que le marais devient productif.

Un système si simple n'a coûté , comme on le voit ,
ni un grand effort d'intelligence pour l'organisation du
terrain , ni des études bien sérieuses pour l'exploitation générale de l'industrie. Une fois l'influence de la
nourriture et de la qualité du terrain bien reconnue ,
(et c'est là le très-grand mérite des premiers exploiteurs) , chacun s'est hâté de les imiter , sans réflexion,
sans prévoyance de l'avenir et sans chercher à améliorer ce que ce système avait de désastreux au point de
vue industriel ou de dangereux, au point de vue admi-
nistratif ; et , c'est ainsi que dans l'espace de quelques
années , les marais à sangsues se sont multipliés d'une
manière prodigieuse.

Pour les hommes de réflexion et de progrès, ce mode
d'exploitation n'est plus possible. Les bénéfices qu'il
procure ne sont plus en rapport avec les nombreux
inconvénients qu'il présente , et nous craignons que la
généralité des éleveurs qui l'a adopté , n'en fasse bientôt à ses dépens , la triste expérience. Bien que l'exposé de notre système doive , dans chacun de ses détails , faire ressortir avec plus de vérité les défauts que
nous reprochons à celui-ci , nous croyons utile d'indiquer sommairement les plus saillants , ceux qui sont
devenus des obstacles d'autant plus réels et d'autant

plus insurmontables, que le nombre des éleveurs s'est plus augmenté. Suivant nous, ils découlent tous de cette obligation irraisonnée que les premiers éleveurs se sont imposée, en desséchant leurs marais pendant les mois les plus chauds de l'été.

Sans nous occuper de la question de salubrité publique que soulève cette mesure, question longuement et si bien traitée par le Conseil d'hygiène et de salubrité de la Gironde, comme on le verra dans les rapports imprimés à la fin de cet ouvrage, nous reprochons d'abord à cette industrie ainsi dirigée, de ne pouvoir satisfaire aux besoins journaliers de la consommation, avec des sangsues saines et vigoureuses, pouvant être extraites des marais, en tout temps et à toute heure, seul avantage que l'art médical doive retirer de cette innovation.

Les sangsues ne sont ni une denrée, ni un animal domestique que les éleveurs puissent conserver à volonté hors de leurs marais. Nous sommes donc fondé à dire qu'elle est vicieuse ou incomplète la méthode qui empêche ces éleveurs de récolter pendant plus de la moitié de l'année les produits de leurs exploitations.

Cette nécessité où se trouvent ensuite les éleveurs de ne pouvoir pêcher leurs sangsues que pendant les quelques jours du printemps et de l'automne qu'ils destinent à ce travail, fait que cette opération est toujours mal faite. Si les vents, qui règnent habituellement à ces deux époques, soufflent avec violence, les sangsues ne *lèvent* pas ; ou bien celles qu'on pêche, si

le temps est favorable, sont toujours *trop grasses*. Cet
inconvénient n'en a pas été un, tant que les sangsues
n'ont fait que passer, par la vente, d'un marais dans
un autre ; il sera immense au point de vue financier,
lorsqu'on devra les livrer à la consommation toutes à
la même époque, et que l'Autorité, mieux instruite sur
les signes qui indiquent l'état de pureté des sangsues,
fera surveiller avec plus de soins que par le passé,
la vente de ces annélides.

Le point de départ étant vicieux, chaque pas que
nous faisons dans l'étude de ce système, nous démontre
une faute. C'est ainsi que l'introduction de l'eau nouvelle dans le marais, qu'elle soit ou non retardée,
cause toujours de grands dégâts, en détruisant les
cocons formés tardivement et non encore éclos. Cette
perte n'est cependant pas comparable à celle qu'éprouvent les éleveurs, pendant les étés pluvieux. Les sangsues déposent leurs cocons hors de l'atteinte de l'eau,
dans un milieu chaud et humide, le fait est bien certain ; mais, que les chaleurs soient intenses pendant
quelques jours !... que la couche supérieure du marais
se dessèche et se fende !... alors ces annélides s'enfoncent plus profondément, et, si de temps en temps,
des orages surviennent, ces terres spongieuses s'im-
bibent, et les cocons qu'elles contiennent sont perdus.
Cela est tellement vrai, que nous voyons des éleveurs
obligés de faire établir, à grands frais, des pompes
mues par des manèges, afin de rejeter hors de leurs
bassins les eaux venues du ciel.

Dans ces plaines immenses, tantôt couvertes d'eau

et tantôt desséchées, trop restreintes encore pour l'ambition de tous, nul n'avait songé à préserver les sangsues des nombreux ennemis qui en font leur pâture ; nul n'avait pensé à sauvegarder leurs cocons, cette précieuse semence qu'il fallait déjà disputer aux eaux du ciel et aux eaux de la terre !... Ce n'est pas tout encore : l'intelligence et la prévoyance de l'homme n'ayant rien fait dans ces marais primitifs, il arrive pour quelques éleveurs, l'accident le plus fâcheux qui pouvait les atteindre : celui du défoncement de leurs marais et de la nécessité où ils se trouvent de les abandonner. La nature de ce sol tourbeux sera toujours un obstacle à la durée de ces établissements, à moins que des précautions importantes ne soient prises et ne soient continuées par un travail incessant.

En effet, après sept ou huit années d'une exploitation largement conduite, c'est-à-dire, ayant employé un grand nombre de chevaux, la couche à peu près solide, formée à la surface du marais par le peu de terre végétale qui s'y trouvait, et par le réseau des vieilles racines qui s'enchevêtraient les unes dans les autres depuis de longues années, se trouve brisée. Ce sol piétiné, foulé, réduit en boue noirâtre par une masse de chevaux, voit sa flore se modifier ; les joncs, dont les racines si épaisses et si serrées faisaient le principal élément de solidité, disparaissent peu à peu ; les plantes à racines pivotantes et sans consistance leur succèdent [1] ; les parcelles de tourbe brisée montent à la

---

[1] Le plantain d'eau, la massette, le rubanier, etc., etc.

surface, toutes les parties solides vont au fond, et le marais ne présente plus qu'une suite de trous aussi dangereux pour les hommes que pour les chevaux.

C'est en vain qu'on espère raffermir le sol en le desséchant pendant quelques mois ; la chose n'est plus possible au bout de quelques années d'exploitation, car cette couche de racines n'a pas le temps de se reformer, et le terrain, quoique durci en apparence par les ardeurs du soleil, présente, quelques heures après l'introduction de l'eau nouvelle, les mêmes dangers qu'il offrait avant qu'on la retirât des bassins.

Nous ne parlerons pas du vol, bien que ce fléau ne soit pas un des moindres inconvénients des vastes établissements de la Gironde. Nous le considérons comme une calamité attachée à la localité, comme le résultat des habitudes de quelques-uns de nos premiers éleveurs qui, dans le but de peupler leurs marais à peu de frais, achetaient des sangsues volées, à cette nouvelle famille de maraudeurs que leur coupable imprudence a pour ainsi dire créée. Nous aurions, du reste, un volume à écrire, s'il nous fallait dévoiler toutes les turpitudes qu'on nous a racontées à ce sujet, ou dont nous avons eu à souffrir.

CHAPITRE III.

Nouveau système d'éducation.

Dans le tableau que nous venons d'esquisser à grands traits, des vices d'organisation qu'entraîne le dessèchement annuel des marais, nous n'avons pas cherché à assombrir nos couleurs; nous n'avons été qu'historien véridique. Nous avons voulu démontrer avant tout, que ces vices d'organisation sont trop considérables, pour ne pas être un obstacle toujours croissant à la réalisation des grandes espérances que chaque éleveur avait conçues en adoptant ce système. Il ne pouvait en être autrement!... On a vu que l'étude, la réflexion et le travail, n'ont nullement inspiré la pensée créatrice de ce mode d'exploitation, et que ces trois conditions de force et de durée ont, au contraire, cédé la place à l'avidité la plus irréfléchie, à la routine la plus inintelligente et à cette

paresse des esprits adoptant sans réflexion et sans mo-
dification, ce que le hasard avait fait naître. Mais on
a vu également, grâce à cet entraînement général,
combien il était facile de dénaturer une grande et belle
découverte, la perdre même tout-à-fait, en raison des
excès qu'elle pouvait faire commettre, et de la réprobation qu'ils devaient inspirer.

C'est dans la prévision de ce qui devait arriver, que
nous avons demandé à l'étude, que nous avons cherché dans le travail, les moyens d'atténuer, si non de
faire disparaître, la plus part des imperfections de cette
industrie. Les importantes modifications que nous y
avons introduites, forment tout le nouveau système
d'éducation que nous allons développer, et qui, bien
que s'appuyant sur les mêmes principes, diffère essentiellement du système primitif, en ce qu'il repose sur
le séjour continuel de l'eau dans les bassins, et sur son
niveau toujours le même.

Débarrasser l'éducation des sangsues des abus qu'on
lui reproche dans son passé, des dangers qui la menacent dans le présent ; l'élever au rang d'industrie utile,
en la faisant accepter sans répugnance par les populations, et sans inquiétude par les gardiens de la salubrité publique ; tel est le but que nous nous sommes
proposé, lorsque pour la première fois nous avons
pris la plume ; tel est celui que nous poursuivons encore aujourd'hui, avec la persévérance que peut seule
inspirer une conviction profonde.

Notre système général d'éducation se divise en plu-

sieurs points capitaux. Chacun d'eux exige une attention continue, une application rigoureuse, ce sont :

1.º Le choix du terrain, son organisation intérieure
et extérieure;

2.º Les eaux qui conviennent aux sangsues;

3.º Les qualités des sangsues qui doivent peupler
les marais;

4.º La nourriture des sangsues;

5.º Les soins pour les cocons;

6.º Les soins pour les petits;

7.º Les ennemis des sangsues et les moyens de les
détruire ou de les éloigner;

8.º Les maladies des sangsues et les moyens de les
combattre;

9.º La pêche des sangsues;

10.º Les soins à prendre pour faire voyager les
sangsues;

11.º Le commerce des sangsues.

CHAPITRE IV.

Choix du terrain, sa division, son organisation intérieure et extérieure.

Les espaces étendus ne sont pas indispensables pour une grande exploitation. Plus le champ est vaste, plus la surveillance est coûteuse et difficile, et plus on éprouve de difficultés pour distribuer une abondante nourriture. Comment, d'ailleurs, pouvoir renouveler l'eau fréquemment, pendant les grandes chaleurs de l'été ? Comment se garantir du vol, cette plaie profonde des marais de la Gironde ? Comment préserver les sangsues des atteintes des animaux, leurs ennemis ? Comment, surtout, surveiller et empêcher leur fuite ?

Au point où en est arrivée cette éducation, devenue aujourd'hui une branche d'industrie agricole, l'éleveur intelligent peut ne rien livrer au hasard : il doit maîtriser sa nombreuse famille, la surveiller tous les jours, en la plaçant toutefois dans les meilleures conditions naturelles.

Quatre ou cinq hectares, au plus, d'un terrain bien disposé, nous paraissent suffisants pour une grande exploitation.

Les marais naturels dont le sol est formé de tourbe à une grande profondeur, doivent être préférés à tous les autres.

La tourbe, cet amas de racines pourries ou demi-pourries, superposées les unes aux autres par l'action des siècles, convient merveilleusement à toutes les races de sangsues. Elles s'y enfoncent et s'y meuvent avec facilité. Gorgées et dans un état de prostration presque complète, il faut que sans efforts, ces animaux puissent se réfugier dans les cavités qu'elle leur offre, pour y changer d'épiderme facilement ou pour y digérer avec tranquillité.

Une forte couche de tourbe est continuellement imbibée d'eau, dans une grande partie de son épaisseur, comme le serait un amas d'éponges. Les sangsues s'enfoncent dans ces profondeurs humides : l'été, pour y chercher la fraîcheur, et l'hiver, pour s'y abriter contre le vent et l'abaissement de la température.

Nous ne saurions trop recommander aux éleveurs le choix du terrain, attendu que ces annélides sont plus terrestres qu'aquatiques, comme nous l'avons dit plus haut. L'eau est cependant nécessaire à leur existence. C'est dans cet élément qu'elles poursuivent leur proie, qu'elles prennent leur nourriture ; mais c'est dans la terre qu'elles traversent les phases les plus critiques de leur vie ; c'est là que s'opèrent le changement d'épiderme, la digestion, la ponte, le développement et l'éclosion des cocous.

A défaut de tourbe, une forte couche de limon, produite par le séjour continuel des eaux, et recouverte d'une forte végétation aquatique, comme dans nos lagunes des landes, constitue pour elles une habitation fort convenable, dans laquelle elles prospéreront : on ne saurait en douter.

Le terrain que l'on veut peupler, doit pouvoir être inondé, constamment et à volonté, à une hauteur inégale de 15 à 35 centimètres, afin que les sangsues puissent y rencontrer différentes températures.

On devra le diviser en plusieurs bassins. Le plus vaste, sera affecté à la nourriture et à la ponte, et les autres, à l'abstinence la plus sévère et à la purification.

Après le choix du terrain, l'éleveur doit se préoccuper, avec la même sollicitude, des moyens d'empêcher la fuite des sangsues.

Nous ne pouvons en indiquer de plus économique, pour une grande exploitation, que celui d'entourer ces bassins d'une enceinte profonde de sable. Les petits grains de quartz, dont le sable se compose, taillés à angles aigus, à bords tranchants, blessent la peau sensible des annélides qui voudraient fuir à travers leur masse serrée, et les forcent à rester dans le marais.

De plus, il est rigoureusement nécessaire d'éloigner des bassins, autant qu'on le pourra, la présence d'une autre eau stagnante. Il faut que les sangsues trouvent chez elles tout ce qui peut concourir à leur bien-être, l'eau, le sang, les plantes aquatiques ; et qu'elles ne soient pas excitées à quitter leur demeure, par le voisinage trop rapproché d'une autre eau que leurs sens devinent, et vers laquelle leur instinct pourrait les pousser. Cette précaution est surtout fort importante pour les bassins de purification.

On ne saurait se tenir en garde contre l'instinct voyageur des sangsues, ni prendre trop de mesures pour leur fermer toutes les issues. A cet effet, lorsque l'éleveur aura tracé, suivant sa localité, la forme et la dimension de ses bassins, il devra faire creuser, en dehors des lignes que devront occuper les digues de ceinture, une tranchée d'environ un mètre de profondeur, sur une largeur variable, d'après l'étendue du terrain. Il remplacera la terre, la tourbe et le gazon qu'il en aura retirés, par un sable aussi fin que le courant d'eau le plus voisin mettra à sa portée. Avec la terre, la tourbe et le gazon extraits de cette tranchée, ou pris à côté dans le marais et entre les différents bassins, il élèvera les digues de ceinture de ces compartiments, et créera, dans leur intérieur, une grande quantité d'îlots de forme et de grandeur différentes, mais toujours dépassant le niveau le plus élevé de l'eau, de 30 centimètres environ [1]. En dehors des digues de ceinture qui doivent avoir de 75 à 80 centimètres de hauteur, il fera élever à leur niveau, le sable des tranchées, de telle sorte que pour former ses bassins, il n'aura pas à en creuser le fond, mais au contraire, à en élever, tout autour, le sol avec le sable.

S'il ne peut se procurer du sable, les tranchées seront inutiles; il devra, dans ce cas, éloigner beaucoup plus les bassins de l'eau étrangère, par de fortes couches de terre.

Les îlots de l'intérieur doivent être très-nombreux et couvrir le tiers, au moins, de la superficie des bassins. Ils sont destinés à servir de retraite aux sangsues qui cherchent à faire leurs cocons, ou qui veulent s'enfoncer dans la terre humide.

Les marais à fond de tourbe, si convenables à l'éducation de toutes les races de sangsues, présentent des inconvénients sur lesquels nous devons appeler l'attention des éleveurs, de ceux, surtout, qui adopteront notre système du séjour continuel de l'eau dans les bassins.

Ces inconvénients proviennent du sol naturellement spongieux, rendu plus mouvant encore par l'eau qui y séjourne constamment, et par le piétinement des chevaux. Le fond du marais, sans cesse foulé, se décompose et se transforme, peu à peu, en une boue

[1] Moq.-Tandon, *Monographie*, p. 253.

noire et fétide, nuisible aux gardiens des marais ; les herbes aquatiques meurent et la circulation devient dangereuse et quelquefois impossible pour les hommes et pour les chevaux. Ces derniers, en s'enfonçant profondément à chaque pas, se débarrassent des sangsues attachées à leurs jambes et rendent, ainsi, l'alimentation de ces annélides tout-à-fait impossible.

Il sera facile aux éleveurs de se prémunir contre ce très-grave inconvénient, en faisant creuser, dans la longueur de leurs bassins, des tranchées profondes de 2 mètres de largeur, dont ils feront remplacer la tourbe et les gazons par du sable [1]. Ces tranchées deviendront alors autant de chemins solides sur lesquels les chevaux pourront marcher sans s'enfoncer, sans altérer les herbes aquatiques, et où ils pourront nourrir les sangsues, sans soulever la vase du marais. Enfin, l'on établira des barrières le long de ces chemins, afin que les chevaux ne puissent s'en écarter.

[1] Si on ne peut se procurer du sable, il sera nécessaire de le remplacer par du gravier. Dans ce cas, on dépose au fond des tranchées qu'on veut convertir en chemins solides, une première couche de branches d'arbres bien serrées, sur lesquelles on jette quelques centimètres de gravier. On remet un second lit de branches, et on continue à les couvrir avec le gravier, jusqu'à la surface du marais. Cette précaution, quelque coûteuse qu'elle puisse paraître, doit être rigoureusement observée, si on veut nourrir les sangsues en introduisant les chevaux dans les bassins. Différemment, on serait forcé de les abandonner après quelques années d'exploitation, comme cela arrive aux premiers éleveurs. Nous n'avons pas besoin d'ajouter que ces chemins solides doivent être placés à une assez grande distance les uns des autres : 10 à 12 mètres au moins.

Notre système qui établit le séjour permanent de l'eau dans les marais, offre en même temps aux sangsues de nombreux refuges dans les îlots. Nous avons compris qu'il fallait largement donner à ces annélides les deux éléments à choisir, bien persuadé qu'en nous en rapportant à leur instinct et à leurs besoins naturels, ces derniers les guideraient bien mieux que l'homme le plus expérimenté.

Une autre considération qui paraîtra tout aussi concluante pour agir comme nous l'avons fait, c'est que le dessèchement des marais des bords de la Garonne, a été, et est encore une mesure forcée et nullement raisonnée qu'ont eu à subir les premisrs éleveurs. Ce ne pouvait être, par conséquent, une règle à suivre, mais, au contraire, un grave inconvénient à éviter par tous les motifs que nous avons indiqués dans nos considérations générales.

Ajoutons encore que la plupart des marais naturels, qui produisent les meilleures races de sangsues, ne sont jamais entièrement desséchés ; qu'elles s'y plaisent et y multipliaient, jadis, en grande abondance. C'est ainsi, du reste, que sont les marais de la Hongrie et de la Turquie.

Dans nos bassins, l'eau séjournant dans toutes saisons, il est très-important que son niveau soit toujours le même. Cette précaution doit être sévèrement observée pendant l'été, car, les sangsues déposant leurs cocons à 15 ou 20 centimètres au-dessus de la surface de l'eau, il résulterait, inévitablement, de l'inobservation de cette mesure, la perte de la ponte. C'est de la part des gardiens du marais, un peu d'attention à avoir, une simple habitude à prendre.

En formant les digues de ceinture, en élevant les îlots de l'intérieur, on doit avoir soin de les gazonner, et d'altérer, le moins qu'on le pourra, les herbes aquatiques qui couvrent le marais. Ces dernières sont utiles : elles purifient les eaux et entretiennent, pendant l'été, une fraîcheur nécessaire aux sangsues. Il en est plusieurs qui leur sont particulièrement agréables ; si elles ne croissent pas naturellement dans le marais, il sera prudent d'en planter quelques pieds.

Les éleveurs en trouveront la nomenclature dans la *Monographie de la famille des Hirudinées*[1].

Lorsque les bassins sont formés, il est prudent d'y laisser séjourner les eaux pendant un ou deux mois, avant de leur confier les sangsues.

Un bassin de nourriture de 200 mètres de long sur 100 à 150 de large, suivant les localités, peut suffire pour élever un nombre immense de sangsues. Ce bassin doit être entouré de plusieurs autres d'une dimension moindre de plus de moitié. Ils seront formés de la même manière et avec plus de précaution, quant au sable, si c'est possible. Ce sont les bassins que nous destinons à la purification. C'est là que nous soumettons nos sangsues à un jeûne d'une année, au moins, avant de les livrer à la consommation.

[1] Page 255.

C'est à cette mesure que l'on devra d'avoir, en toutes saisons, hiver comme été, des sangsues admirablement purifiées, et que, maîtres de la production, on pourra dominer le marché, en vendant quand la pêche est partout suspendue, et, mieux encore en achetant et en conservant, lorsqu'elle est ouverte dans tout le département, et que les prix sont avilis, par suite de l'abondance qui en résulte.

Tous les bassins doivent être entourés de barrières, afin que les animaux qu'on livre aux sangsues, ne puissent pas entrer et surtout sortir, sans être visités par les gardes. Cette précaution est nécessaire pour éviter la perte de toutes les sangsues qu'ils emporteraient hors du marais, attachées à leurs jambes, et qui, gorgées et frappées par le soleil, seraient vite mortes.

L'eau doit pénétrer dans les bassins par un tuyau ou un conduit quelconque, qui l'amènera du point le plus éloigné possible. Ce tuyau devra être plus élevé de quelques centimètres que le niveau de l'eau, et dépasser de 33 centimètres dans l'intérieur, la digue de ceinture. Il ne faut pas que les sangsues, attirées par la fraîcheur de l'eau et par son clapotement, puissent s'introduire dans son orifice et s'échapper.

Quant au tuyau pour la sortie des eaux, on aura soin de l'entourer d'une toile métallique très-fine, du côté du marais, afin d'empêcher les sangsues d'être emportées par son courant. Cette toile métallique devra être de laiton; un grillage de fer serait trop rapidement oxidé et détruit.

Au demeurant, nos lecteurs doivent comprendre qu'il ne peut y avoir de règle fixe et invariable pour l'organisation de ce genre d'établissement, et que c'est aux éleveurs à subordonner leurs travaux intérieurs, à la configuration du terrain et au genre de marais où ils voudront exercer cette industrie. Pour faciliter à cet égard leurs études, nous donnons dans une suite de planches, la vue de plusieurs établissements disposés d'après notre système, et créés dans les différents marais de la Gironde qui sont, comme nous l'avons dit, les vallées tourbeuses, les lagunes des landes, et les marais des bords du fleuve.

La planche N.º 1, représente la vallée du domaine de Belfort, telle qu'elle était avant que nous y introduisions l'industrie de l'élève des sangsues. Nous avons cru utile de donner cette vue comme un spécimen de tant de vallées semblables que l'on trouve dans les landes ou dans toutes les contrées de la France et pour donner une idée plus exacte de sa transfiguration. Cette vallée perdue dans un désert; resserrée entre deux collines de sable, était d'un rapport insignifiant, puisqu'on ne pouvait en retirer qu'à grands frais, quelques herbes pour la litière des bestiaux et quelques fagots de bois blanc.

Les eaux de source et les eaux pluviales croupissaient pendant l'été, dans les trous qu'elles avaient formé dans tout le parcours de la vallée; et, l'hiver, celle-ci présentait quelquefois l'aspect d'un torrent, lorsque les eaux supérieures des landes grossies par les pluies, s'échappaient par cette issue.

Vallée du Domaine de BELFORT, avant l'industrie des Sangsues,
Appartenant à Monsieur WILMAN

Vallée du Domaine de BELFORT, transformée en bassins à Sangsues,
Appartenant à Monsieur WILMAN.

La planche N.º 2 représente la même vallée après les travaux que nous y avons fait exécuter pour y pratiquer l'éducation des sangsues. Ces travaux n'ont consisté qu'à faire abattre tous les arbres de l'intérieur, et à faire creuser aux pieds des deux collines deux larges fossés destinés à l'écoulement de toutes les eaux déjà retenues et divisées par un barrage établi en amont des bassins de purification qui figurent au premier plan. Nous devons répéter ici, qu'avec la terre et la tourbe sorties de ces fossés, ou extraite de l'intérieur de la vallée, entre chaque réservoir, nous avons formé les digues de ceinture et les îlots qui y sont disséminés ; et, que c'est ensuite avec le sable des collines, que nous avons élevé le sol tout autour des bassins, afin d'y retenir les eaux, et d'en rendre les abords praticables pour les hommes et pour les chevaux.

Les îlots que l'on remarque dans l'intérieur des bassins sont ici trop isolés. L'expérience nous a démontré qu'ils ne présentaient pas assez de surface aux sangsues, à l'époque de la ponte. Le sol tourbeux de cette vallée s'étant très-rapidement défoncé sous les pieds des chevaux ; c'est là que nous avons reconnu l'indispensable utilité de créer désormais, dans l'intérieur des bassins, plusieurs chemins solides pour la circulation de ces animaux ainsi que pour celle des gardes, seule précaution qui puisse faciliter, mais surtout rendre durable, cette remarquable exploitation agricole.

L'eau est toujours maintenue au même niveau par une suite de petits déversoirs qui la font communiquer d'un bassin à un autre dans tout le cours de la vallée, dont la partie affectée à cette exploitation a près de deux kilomètres.

La planche N.° 3 reproduit l'établissement que M. le docteur Rollet, médecin en chef de l'hôpital militaire de Bordeaux, a créé dans une lagune de sa propriété de *Montsalut*. Il était impossible de tirer un meilleur parti d'une de ces innombrables flaques d'eau disséminées dans toutes nos landes et qui sont alimentées par quelques sources ou quelques ruisseaux.

Suppléant à l'espace par une intelligente disposition du terrain, M. Rollet, après quelques années de tâtonnement, prouve, d'une manière irréfutable, tout le parti qu'on aurait pu tirer de l'élève des sangsues, si on s'en était servi exclusivement pour fertiliser une grande partie de nos landes. Pour ces contrées déshéritées, cette industrie, nous le répéterons sans cesse, aurait été un véritable bienfait, une grande augmentation de richesse agricole, un moyen sûr et rapide pour peupler ces déserts. Pour s'en convaincre, nous engageons nos lecteurs à lire la *Notice sur les Marais de Montsalut publiée par J. B. Baillière, rue Hautefeuille, n.° 19, à Paris*. Ils y verront, en outre, combien peu la nourriture des sangsues est dangereuse pour les animaux qu'on destine à cet usage, lorsque cette opération est faite avec intelligence et modération. Nous les assurons, d'avance, que tout ce que dit le docteur Rollet sur le bon état et l'embonpoint de ses vaches, ainsi que sur les cultures qu'elles ont nécessitées, est de la plus rigoureuse exactitude.

BASSINS à Sangsues pour la Nourriture et la Purification,
Créés par Monsieur E. DEVÈS, dans son domaine d'Ambès.

BASSIN pour la Nourriture des Sangsues, en forme de Colimaçon.

La planche N.° 4, représente l'application de notre système aux marais des bords du fleuve, à ces vastes étendues de terrain baignées par les eaux de la Garonne et de la Dordogne.

Dans cet établissement fondé par M. E. Devès dans la commune d'Ambès, on remarquera que la surface des bassins est occupée par plus de terre que d'eau, et que nous nous sommes efforcé de multiplier ainsi des retraites commodes pour la ponte des sangsues, et les moyens de pêcher ces annélides avec facilité. Les bassins de purification sont ceux que l'on voit dans le fond, près de la maison du garde. Tous les îlots de ces derniers bassins sont garnis d'arbres fruitiers ; de plus, les eaux pouvant être renouvelées tous les jours et étant toujours à la même hauteur, il s'en suit que la salubrité publique est complètement sauvegardée et que cet établissement, loin d'inspirer de la répugnance, peut être visité avec intérêt. Nous reparlerons de cette disposition du terrain aux chapitres de la nourriture et de la pêche des sangsues. L'étendue de ces bassins est à peu près de trois hectares.

La planche N.° 5, donne la figure d'un marais disposé en forme de colimaçon, que nous devons à l'obligeance de M. de Bellegarde, ingénieur ordinaire au Service hydraulique de la Gironde.

La nature de ses fonctions, les études particulières qu'il a faites de la matière, ont fait comprendre depuis longtemps à cet ingénieur, les dangers et les impossibilités matérielles et morales que se préparaient les nombreux éleveurs en s'établissant à l'envi les uns des autres dans les marais des bords du fleuve. Bien convaincu, comme nous, de l'inutilité de ces grandes exploitations, M. de Bellegarde a cherché à réunir à une économie de construction, le plus grand développement des contours où pondent les sangsues, par une nappe d'eau excessivement restreinte et facile à maintenir à niveau constant.

CHAPITRE V.

Des eaux qui conviennent aux sangsues.

Rien ne doit être omis ou seulement négligé, disions-nous dans notre première édition, lorsque dans un but purement commercial ou industriel, on se livre à une entreprise quelconque et de longue durée. Nous recommandons, en conséquence, aux industriels et aux propriétaires des terrains marécageux, de faire analyser avec soin la qualité de leurs eaux, avant de commencer les travaux de terrassement que tout établissement de ce genre nécessite.

Si leurs eaux sont alcalines ou acides, ils devront s'abstenir. Ce serait, on le comprendra sans peine, un contre-sens, de vouloir élever des sangsues dans des eaux saturées des mêmes substances irritantes qui servent à les faire dégorger.

Nous leur faisons la même recommandation pour toutes les eaux thermales, comme à l'égard de celles qui auraient traversé des terrains imprégnés d'oxide de fer ou de toute autre substance minérale [1].

Ce que nous disions alors, dans les lignes qui précèdent, une expérience plus complète, des faits plus nombreux et mieux observés sont venus non-seulement le confirmer, mais encore nous éclairer d'une manière plus positive sur l'importance du rôle que l'eau joue dans l'hygiène des sangsues, et par conséquent dans leur éducation. A cet égard, nous devons modifier ce que notre première opinion avait peut-être de trop vague, et indiquer avec plus de précision et de clarté, comment les diverses qualités des eaux peuvent être appliquées avec succès aux besoins de ces annélides.

Dans une étude qui a pour objet l'acclimatation, le bien-être, la croissance et la reproduction d'un animal quelconque, le premier travail que l'observateur doit s'imposer, consiste évidemment à rechercher les conditions naturelles dans lesquelles vit et prospère le sujet dont il veut s'occuper. Cette première question résolue, il doit mettre tous ses soins à perfectionner la demeure qu'il destine à cet animal, à étudier son hygiène et surtout à le mettre à l'abri de tous ses ennemis.

[1] Moq.-Tandon., *Monogr.*, p. 255.

Procédant d'après cet ordre d'idées pour tout ce qui intéresse les sangsues, nous avons reconnu que de même que la terre tourbeuse des marais est l'habitation qu'elles préfèrent, l'eau qui séjourne et croupit dans ces marais réunit, au plus haut degré, toutes les qualités qui conviennent à leur bien-être. La prodigieuse reproduction de ces annélides dans les marais de la Gironde est là pour l'attester. D'un autre côté, la facilité avec laquelle nous avons pu suivre cette éducation dans des eaux bien différentes, nous a permis de comparer, et cela pendant plusieurs années, les résultats opposés que nous avons obtenus; de mieux constater l'influence réelle de l'eau sur les différentes phases de la vie des sangsues; et de dire aujourd'hui avec la plus grande certitude, qu'il ne peut y avoir d'opération lucrative dans cette industrie, au point de vue de la reproduction, que si l'on possède des marais naturels alimentés par des eaux ni trop froides, ni trop crues. A reconnaître, en outre, que si l'on veut élever ces annélides dans des marais artificiels, on ne peut le faire avec succès qu'en imitant la nature, et en y réunissant ces deux conditions essentielles : de la terre et de l'eau convenables.

Quelques mots suffiront pour faire apprécier le mérite de notre assertion. Les sangsues qui viennent de se nourrir d'un sang très-chaud, puisqu'elles l'ont puisé dans les veines d'un animal plein de vie, ont besoin, pour que leur digestion s'opère régulièrement et qu'elle profite à leur croissance, que la température de l'eau qu'elles habitent, ne soit pas en trop grande opposition avec la chaleur intérieure qu'elles viennent d'acquérir.

Nous avons déjà dit combien ces annélides sont impressionnables et exigent de soins attentifs pour leur conservation, dans les moments qui suivent la nourriture qu'elles ont prise sur un malade; or, il doit être évident pour tous, que les mêmes soins doivent les suivre dans les marais où leur nourriture est la même.

Le froid, ou seulement une transition subite de température, exercent une influence fatale sur la digestion des sangsues. Cette importante fonction s'en trouve subitement arrêtée, et la mort peut en être la conséquence.

La grande mortalité qu'on a remarquée à la fin de l'hiver dans plusieurs marais de la Gironde, ne peut être attribuée qu'aux froids inusités que nous avons supportés cette année, et qui ont suivi de trop près les gorgements tardifs de la fin de l'Automne.

Pour les éleveurs qui n'ont à leur disposition que des eaux de source ou des eaux courantes trop vives, ils doivent, avant de les introduire dans leurs bassins de nourriture, laisser reposer longtemps ces eaux dans un réservoir supérieur, afin que le contact de l'air et du soleil puisse modifier leur trop grande crudité. De plus, ils doivent toujours avoir le soin de ne jamais renouveler entièrement l'eau de leurs bassins.

Ces éleveurs trouveront un exemple de cette très-

importante précaution dans la planche N.º 2. Le réservoir du premier plan, celui qui ne renferme aucun
îlot dans son intérieur, et qui reçoit directement les
eaux du fossé de droite, n'a pas d'autre destination.

Mais si les eaux chaudes et épaisses des marais tourbeux, conviennent particulièrement aux sangsues destinées à la reproduction, et plus encore, à celles qui ont
besoin de se nourrir pour arriver à leur entière croissance, les eaux de source et les eaux vives conviennent merveilleusement, aussi, à la purification de celles
qui, ayant atteint cette croissance, sont destinées à la
consommation. Nous allons plus loin : dans une éducation qui intéresse à un si haut degré l'hygiène publique, il ne devrait y avoir d'exploitations tolérées que
celles qui réuniraient ces deux conditions aussi nécessaires l'une que l'autre. Une longue pratique nous
l'a démontré : les sangsues que l'on jette dans les bassins remplis d'eau pure et limpide, alors que leur digestion est déjà avancée, ne tardent pas à acquérir
dans ces eaux, une vigueur et une avidité que ne peuvent avoir les sangsues restées dans les eaux si épaisses des marais du bord du fleuve. Cela est tellement
vrai, que nous connaissons quelques établissements
dont les eaux de source possèdent des qualités digestives tellement puissantes, que les petites sangsues qui
y sont nées, après qu'on les a eu peuplés, y grossis-
sent difficilement. La destination de ces bassins n'est-
elle pas par là indiquée? Ne devraient-ils pas servir
exclusivement à la purification des sangsues élevées
dans d'autres conditions?....... Et leur utilité ne serait-

elle pas aussi grande par le complément qu'ils apporteraient ainsi à l'industrie de l'élève des sangsues ?

Nous devons faire remarquer que les précautions que nous avons indiquées pour empêcher la fuite de ces annélides, doivent être rigoureusement observées dans la création de ces bassins de purification.

L'eau de source qui surgit dans ces bassins, produit encore un résultat considérable au point de vue commercial, car elle permet la pêche dans l'hiver, même sous la glace ; par cette raison bien simple, connue de tout le monde, que la température de l'air, en s'abaissant, n'influe presque pas sur celle de l'eau de source. Lorsque les sangsues soumises à un long jeûne, sont dans ces eaux, l'éleveur sera toujours assuré de pouvoir les pêcher, quand, partout ailleurs, le même fait ne peut se reproduire.

Les eaux pluviales sont très-convenables pour élever toutes les races de sangsues ; ces eaux sont douces et favorisent les qualités les plus estimées. Ce sont, du reste, les eaux pluviales alimentées par quelques sources qui séjournant dans les bas-fonds, forment la plupart des marais naturels.

D'autres marais résultent des débordements successifs des fleuves, des rivières ou des ruisseaux.

Les sangsues médicinales se plaisent dans les eaux tranquilles. Quoique douées d'assez de force musculaire [1], elles nagent mal, avec beaucoup de peine, et

---

[1] Voyez Moq.-Tandon, Monog., pl. IX, fig. 6, 7, 8, 9, 10.

ont besoin de lieux de repos très-rapprochés. Aussi, le moindre courant les fatigue et les entraîne. Elles font, alors des efforts inouïs pour le remonter. Nous les avons souvent soumises à cette épreuve, dans un courant peu rapide. Elles cèdent, lorsque leurs forces sont épuisées, et se remettent à l'œuvre pour le remonter en rampant, quand elles croient pouvoir le faire. Le courant qui les emporte, les roule et les blesse contre les aspérités du sable et des corps solides qu'elles rencontrent. Douées d'une sensibilité extrême dans leur peau, on conçoit ce qu'elles ont à souffrir dans ces pérégrinations forcées. C'est pour cela, qu'on ne les rencontre qu'accidentellement dans les eaux courantes, et qu'il importe, avant tout, de les mettre à l'abri des inondations.

Il n'est pas un département de la France qui ne puisse offrir des marais naturels, ou des localités convenables, pour y élever les sangsues nécessaires à sa consommation ; certains présentent, pour l'exploitation en grand de cette industrie, des ressources infinies. Nous reviendrons sur ce sujet, lorsque nous traiterons la question de l'éducation des sangsues, au point de vue de l'intérêt agricole. Mais nous ne terminerons pas ce chapitre, sans recommander à nos lecteurs de tous les pays, de n'entreprendre cette industrie, que s'ils ont la libre disposition de leurs eaux et s'ils sont propriétaires du terrain. Les innombrables tribulations qu'ont à subir les éleveurs des bords

de la Garonne à cause des eaux du fleuve dont ils
ne peuvent pas disposer à volonté ; les dangers très-
sérieux qui les menacent de ce côté, et qu'ils ont
eu l'imprudence de ne compter pour rien dans leurs
téméraires entreprises, doivent servir d'exemple à
ceux qui voudraient les imiter.

CHAPITRE VI.

Qualité des sangsues qui doivent servir à repeupler les marais.

Dans tous les temps, dans tous les lieux, et dans toutes les circoñstances, les éleveurs devront préférer pour peupler leurs marais, nos belles races indigènes, ou celles qui provenant des races importées, sont nées dans nos eaux, sous notre climat, et peuvent, par cela seul, leur être assimilées. Cette question ne saurait être l'objet d'un doute, pas plus qu'un motif d'inquiétude pour eux, puisque le département de la Gironde est à lui seul assez riche, aujourd'hui, pour repeupler la majeure partie des marais de la France.

Nous leur dirons, avant toute chose, qu'ils devront veiller à ce que les sangsues qu'ils viendront demander à nos marais, soient immédiatement transportées avec les plus grands soins, dans leur nouveau domicile.

Quant aux sangsues étrangères, elles sont, en général, fort bonnes et fort estimées et leur reproduction doit être poursuivie avec persévérance. Dans leur état normal, elles sont aussi parfaites que nos *vertes* et *grises des landes*, et fort appréciées à Paris, où elles sont désignées sous le nom de *hongroises*, bien que le plus grand nombre nous arrive de la Turquie, et quelques-unes de la Grèce. Il importe donc à tous les éleveurs, d'acclimater ces sangsues à tout prix. Du choix qu'ils feront de celles qu'ils destineront à leurs marais, dépendra la réussite ou l'insuccès de la reproduction de cette race : ce choix est un peu difficile, et demande beaucoup de prudence et de discernement.

Tous les éleveurs qui ont échoué avec les sangsues étrangères, ne doivent l'attribuer qu'à l'ignorance où ils étaient, des dangers qu'elles présentent, en général; et qu'à la légèreté avec laquelle ils acceptaient celles de ces sangsues que leur vendaient les marchands très-désireux de s'en défaire. Nous avons fait ces écoles et nous en parlons par expérience.

Les éleveurs qui ont lu le commencement de notre travail, se tiendront en garde, nous aimons à le penser, contre les éventualités fâcheuses que pourraient, différemment, leur faire courir les sangsues étrangères. Ils devront aller eux-mêmes à Marseille, pour attendre l'arrivée des paquebots du Levant qui les apportent régulièrement trois fois par mois. Assistés d'un courtier honnête et intelligent, ils seront présents à l'ouverture des baquets qui contiennent ces annélides, et repousseront toutes les parties qui présenteront une mortalité trop grande, n'importe leur bas prix. Ils auront grand soin de demander à leur courtier l'expulsion de toutes les sangsues qu'il jugera gorgées avec du sang d'abattoir [1]. Ils les feront, ensuite, emballer avec les précautions les plus minutieuses, et les emporteront avec la rapidité la plus grande dans leurs marais, où ils les laisseront reposer plusieurs jours, avant de leur donner aucune nourriture. Celle-ci leur serait très-préjudiciable et causerait une grande mortalité.

Dans les premiers temps, ils ne devront pas s'effrayer de voir les sangsues étrangères, livrées à une agitation extrême, parcourir les marais dans tous les sens, et s'amonceler là où les eaux pénètrent en tombant dans les bassins. Il est prudent, nécessaire même, que l'eau soit parfaitement calme pendant ces premiers jours, afin que rien ne puisse augmenter cette surexcitation nerveuse, causée par l'état de gêne et de souffrance qu'elles subissent depuis longtemps. C'est

---

[1] Nous devons à l'obligeance de MM. Barès frères, de Toulouse, négociants très-estimés et très-entendus dans cette partie, la connaissance d'un fait qui se renouvelle tous les jours à Marseille, et qui entre pour beaucoup, dans la mortalité qui décime la plupart des sangsues arrivées par cette voie. C'est l'absence totale de précaution pour sortir ces annélides de leur prison d'argile. Dans les baquets où elles viennent de voyager et qui sont toujours placés dans l'intérieur du navire, les sangsues étant soumises à une haute température, elles devraient en être extraites avec précaution, au moyen d'une eau longtemps chauffée par le soleil. Au lieu de cela, on jette dans ces baquets, pour délayer l'argile, de l'eau presque glaciale !...

dans la terre que les sangsues se remettront le mieux des fatigues de leur voyage, et trouveront le repos absolu qui leur est alors si nécessaire.

On devra choisir pour faire le voyage de Marseille, la fin de l'hiver ou de l'automne, mais jamais les grandes chaleurs. On comprendra quel intérêt on doit avoir à acheter les sangsues étrangères, dans les moments où l'accouplement n'a pas encore commencé, ou lorsque la ponte est finie dans les lieux éloignés de production. C'est l'époque la plus convenable pour repeupler les marais avec ces races : elle s'acclimatent plus vite, et, pendant l'hiver, leur fuite n'est pas à craindre. Avec ces précautions, un terrain et des eaux convenables, une direction intelligente, nous pouvons assurer à tous les éleveurs une réussite certaine.

Il est quelques races de sangsues qui doivent être exclues des marais. Quoique également médicinales, leur valeur est loin d'être la même ; et, par cela seul qu'elles coûtent autant à élever, il est sage de les repousser, comme des parasites inutiles. De ce nombre, sont les races suivantes : Celle venue du Maroc ou de nos possessions d'Afrique, connue sous le nom de *Dragons*, à cause de la robe, et *toutes les autres races bâtardes*, si communes en France, et que les zoologistes appellent *sangsues truites* (*Sanguisuga troctina* Moq.), en raison des taches rondes et bien séparées qu'elles offrent sur leur dos [1].

---

[1] Les sangsues bâtardes, en raison de leur bas prix, occasionnent

Que les éleveurs comprennent donc bien, que du choix des sangsues dont ils vont peupler leurs marais, de leur état sanitaire, des soins qu'on leur donne, des précautions que l'on prend pour les conserver, dépend, toujours et partout, le succès de toutes les entreprises de ce genre.

Il en est quelques-uns qui, par ignorance ou insouciance, ont vu disparaître, peu à peu, les sangsues qu'ils avaient jetées dans leurs marais, et qui en ont

une fraude d'un autre genre, et qui se fait tous les jours, par leur mélange avec les bonnes sangsues médicinales. C'est probablement ce mélange que la Commission de l'Académie de médecine de Paris avait en vue, lorsque, dans ses conclusions, elle demandait que *tous les marchands de sangsues fussent obligés à désigner, sur leurs factures, la variété des sangsues dont ils font livraison.*

Dans l'intérêt de la morale et de la santé publique, il serait à désirer qu'une mesure aussi sage fût adoptée par l'autorité.

Les bâtardes entament la peau de l'homme, pendant les premiers jours qui suivent leur sortie du marais; mais leur succion n'est jamais que de très-courte durée, et leur service peut être considéré comme à peu près négatif. Elles sont faciles à reconnaître. On les désigne, dans le commerce, par les différents noms de *demoiselles* ou *fleuries*, *brunes*, *blondes*, *claires* et *chalands*. Elles sont marquées, sur le dos, de taches de différentes couleurs, sans liaison entre elles, et portent toutes, sur les côtés, une bande orangée ou d'un rouge plus ou moins foncé (Voir l'*Atlas de la monographie des Hirudinées*, pl. XI, fig. 19, 20, 21, 22).

Nous engageons les éleveurs à repousser toutes ces sangsues qui seront rigoureusement exclues du service des hôpitaux, qui les tolèrent aujourd'hui, lorsqu'une longue pratique aura démontré, jusqu'à l'évidence, que leur prix quelque peu élevé qu'il soit, devient ruineux, par le peu de valeur qu'ont ces annélides.

accusé les eaux, le terrain ou l'industrie elle-même. Que de mécomptes!... que d'argent dépensé!... avant que l'expérience, fruit de longues études et d'observations laborieusement recueillies, ait permis de lire dans cette page du grand livre de la nature.

Il y a plusieurs manières de peupler un marais. L'une consiste à ne lui confier que des grosses sangsues appelées *vaches*. Avec celles-là, la reproduction sera immédiate et considérable : c'est aussi la plus coûteuse. L'autre, à acheter des sangsues en race, c'est-à-dire, de tout âge et de toutes grosseurs. Un grand nombre de celles-ci feront leurs cocons la première année, si on les jette dans le marais avant l'été ; mais la ponte ne sera considérable que la seconde année. Or, en toutes choses, et en industrie surtout, le temps est un capital dont on ne saurait être trop avare.

Les éleveurs de la Gironde ont attendu trois ans, avant de commencer leurs pêches régulières. Il le fallait, d'après leur système, pour laisser les premières-nées grandir et se reproduire à leur tour. Il en est résulté, pour eux, une perte de temps considérable, des intérêts cumulés et des dépenses de gardiens et de chevaux, souvent pénibles à supporter. Quelques-uns de ces éleveurs, il est vrai, sont largement payés aujourd'hui; mais ne pourrait-on pas arriver au même résultat par une route plus courte? C'est ce que nous laissons à chacun le soin de décider en exposant, simplement, les deux systèmes d'éducation. Nous ferons

remarquer seulement, qu'avec les eaux constamment
dans le marais, l'industrie ne doit être qu'une annexe
du commerce, attendu que ce système permet la mo-
bilisation incessante des capitaux, en achetant dans
une saison et en revendant dans l'autre : les bénéfices
que l'industrie, proprement dite, procurera, consis-
teront dans toutes les petites sangsues qui naîtront
dans le marais pendant le séjour, plus ou moins long,
qu'y feront les grosses.

CHAPITRE VII.

Nourriture des Sangsues.

Un sang chaud, parfaitement pur, puisé dans les veines de l'animal, immédiatement digéré dans le marais, avec toutes les conditions de la nature : telle est la nourriture dont l'influence est immense sur la reproduction des sangsues, comme sur la rapidité de leur croissance.

Tout, dans cette éducation, repose sur ce fait si naturel, pourtant connu de tous les pêcheurs du monde [1], mais resté longtemps inappliqué par la seule raison que tant de choses, souvent très-simples, échappent pendant des mois, des années, des siècles, à l'intelli-

[1] Moco.-Tandon, *Monog.*, p. 225.

gence des hommes, et se produisent, dans un moment donné, à l'ébahissement de la multitude.

Certes, nous n'avons pas l'intention de donner plus d'importance qu'il ne convient, au fait dont il s'agit. Mais ce fait est utile à l'humanité ; il a déjà produit beaucoup de bien ; il doit économiser les deniers du pauvre ; à ce titre, seulement, il mériterait d'être signalé comme une heureuse découverte.

La nourriture se donne aux sangsues, en faisant entrer dans les marais, une certaine quantité de chevaux, d'ânes ou de mulets. Au bruit que ces animaux font dans l'eau ; à l'ébranlement du sol, les sangsues comprennent qu'une proie vivante a pénétré dans leur domaine. Elles sortent aussitôt de leurs retraites ; et on les voit accourir à la curée, se précipiter sur les jambes de leurs victimes, s'y attacher, s'y gorger, et, grosses et petites, se succéder sans interruption, tout le temps qu'on les laisse livrées à leur avidité sanguinaire.

Il importe de faire circuler les chevaux, afin que le gorgement ne soit pas trop considérable pour chacune d'elles, et que le plus grand nombre puisse prendre sa part de nourriture.

Les plus petites, celles qui n'ont que quelques mois d'existence, sont tout aussi avides que les grosses. Leurs mâchoires présentent déjà assez de force pour entamer le cuir des plus vieux chevaux. Toutefois, si elles trouvent des plaies saignantes, formées et puis abandonnées par les grosses sangsues, elles s'y logent de préférence, souvent plusieurs à la fois, pour aspirer le fluide nourricier.

A mesure que l'industrie qui nous occupe grandit et se propage, les faits se multiplient de plus en plus sous nos yeux, et donnent une bien grande autorité à ce que nous disons plus haut sur la nourriture des sangsues, cette base fondamentale de cette éducation. Son utilité cependant pourrait être si faussement interprétée, qu'arrivé à cette partie de notre travail, nous devons avant d'aller plus loin, y arrêter quelques instants nos lecteurs, afin de leur faire connaître les différentes opinions qui viennent de se produire au sujet de cette nourriture, ainsi que les oppositions qu'a soulevé son mode de distribution.

Le jugement qu'ils auront à formuler sera pour eux plus facile, lorsqu'ils auront une connaissance complète de tout ce qui se fait à cet égard, et qu'ils pourront comparer les moyens et les résultats de tous les systèmes.

Une industrie de cette nature qui, après avoir été longtemps ignorée, surgit tout-à-coup dans une contrée qu'elle envahit, avec son cortège d'abus et d'imperfections inhérents à toutes les innovations qui n'ont pas été longuement étudiées, devait nécessairement appeler l'attention de tous et exciter de nombreuses convoitises. L'importance qu'elle a prise devait lui attirer autant de partisans qu'elle lui a suscité d'ennemis, et le rôle qu'elle est appelée à jouer, ne pouvait que donner naissance aux systèmes les plus opposés, aux opinions les plus contradictoires.

C'est ce qui est arrivé pour l'industrie des sangsues, et c'est ce qui a dû diminuer l'étonnement des éleveurs de la Gironde, lorsque, dans ces derniers temps, ils ont vu des hommes de grande valeur nier l'utilité des mammifères dans l'éducation des sangsues ; d'autres prétendre qu'on pouvait les remplacer avec le même succès et une plus grande économie, par le sang de la boucherie, ayant subi différentes préparations ; d'autres, enfin, chercher à faire proscrire l'alimentation de ces annélides par les animaux vivants, comme étant une cruauté inutile, une infraction coupable à la loi Grammont.

A ceux qui pensent qu'il suffit de jeter une certaine quantité de grosses sangsues dans un marais naturel, pour voir ces animaux y séjourner tranquillement et s'y reproduire, sans qu'il soit besoin de leur donner d'autre nourriture que celle que pourront leur procurer les animaux à *sang froid* qui habitent les marais, nous nous bornerons à raconter l'origine de la découverte de cette industrie dans le département de la Gironde, pour les faire revenir de leur erreur. Cette histoire fort simple, trouve naturellement sa place dans ce chapitre, et nous espérons que nos lecteurs nous sauront gré de la leur faire connaître.

Une nombreuse famille d'agriculteurs se livrait depuis longtemps à la pêche des sangsues, dans tous les marais naturels de la Gironde. Cette famille était, en même temps, fermière d'une portion d'un vaste marais situé aux bords du fleuve, mais seulement pour la pêche des sangsues qui pouvaient s'y trouver.

Par une circonstance fort heureuse pour elle, cette partie du marais était louée, à la même époque, à une grande administration de voitures publiques qui envoyait dans ce marais ses chevaux malades ou fatigués.

En gens plus intelligents que les autres pêcheurs, ceux-ci vendaient aux marchands de sangsues de Bordeaux, toutes celles de ces annélides qui avaient atteint la grosseur voulue, et qu'ils avaient pêchées dans tous les lieux et un peu partout. Quant à toutes les petites que le commerce repoussait, mais qu'ils avaient également le soin de ramasser, ils les transportaient dans la partie du marais qui leur était louée, et, là, ils les voyaient grossir avec rapidité et se multiplier à l'infini.

Après quelques années d'une prospérité toujours croissante pour eux, l'administration des voitures publiques cessa d'envoyer ses chevaux dans ce pacage, soit que son bail fut arrivé à son terme, ou qu'elle s'aperçut que ses chevaux ne s'y rétablissaient pas. Presque aussitôt les sangsues disparurent totalement, au grand étonnement de ces pêcheurs, qui furent quelque temps sans pouvoir découvrir la cause d'une disparution aussi étrange.

Ce fut alors que l'un des chefs de cette famille, se rappelant l'observation qu'il avait souvent faite, qu'une multitude de sangsues de toutes grosseurs étaient sans cesse suspendues aux jambes des chevaux, comprit que l'absence de ceux-là devait être la cause de la fuite des autres, et, pour s'en convaincre, il acheta quelques vieux chevaux qu'il fit circuler en tous sens dans son marais.

Effectivement, quelques temps après, ses sangsues étaient revenues, rappelées qu'elles étaient de fort loin, par le bruit et l'ébranlement du sol causés par les chevaux.

Voilà comment l'esprit d'observation de ce simple pêcheur lui fit découvrir le mystère ignoré jusqu'à lui de la croissance des sangsues, et qu'il eut le talent d'utiliser les instincts et les besoins de cet animal, pour fonder une grande exploitation qui, bien qu'abandonnée aujourd'hui, à cause du défoncement du terrain, a fait la fortune de cette famille, et a servi de modèle à cette foule d'éleveurs qui n'ont eu que le tort de suivre trop aveuglément les traces de ces industriels.

Au point de vue de la reproduction, ce fait est assez concluant par lui-même pour que nous croyions pouvoir nous passer de commentaires. Nous nous bornerons à ajouter qu'il prouve à l'évidence que dans tous les marais naturels où l'on rencontrait jadis ces annélides, on ne le devait qu'à la présence continuelle des divers mammifères qui allaient y paître ou s'y abreuver; et que le dépeuplement de ces marais n'a été si rapide, qu'à cause précisément du petit nombre d'animaux à sang chaud que les sangsues pouvaient y rencontrer.

On ne doit pas oublier, au surplus, que nos études n'ont pour objet que de perfectionner les moyens d'exploiter cette industrie sur une grande échelle, attendu que ce sont les seuls qui puissent procurer l'abaissement du prix trop élevé des sangsues. Sans nier les exceptions qu'on peut opposer aux principes fondamentaux que nous avons indiqués et qui sont la nourriture, la qualité de l'eau et la nature du terrain, nous soumettons aux méditations de ceux qui voudraient nier l'utilité et les immenses résultats du sang chaud des mammifères, le fait que nous venons de citer, en leur demandant de le comparer avec impartialité aux résultats obtenus précédemment par tous les autres modes d'alimentation.

Nous voyons, du reste, que ceux qui pratiquent et que ceux qui encouragent l'alimentation des sangsues avec le sang de la boucherie, ne sont pas tout-à-fait d'accord entre eux, et que quelques-uns sont obligés de demander à des analyses scientifiques, les moyens de connaître pour le diviser ce que la nature a si admirablement réuni.

Ainsi, les uns distribuent à leurs sangsues le sang tel qu'il sort des veines de l'animal et lorsqu'il est refroidi ; les autres le donnent chaud ; il en est qui le débarrassent de la fibrine en le mélangeant d'eau ; quelques autres, enfin, prétendent avoir trouvé des moyens opposés à tous ceux-ci, mais qu'ils ne veulent pas faire connaître.

Nous n'avons rien à dire de ces derniers. Quant au

système des premiers, nous devons faire remarquer qu'il est connu et apprécié depuis longtemps, et qu'il n'est que la répétition des moyens frauduleux employés par les expéditeurs ou les marchands en gros des sang-sues étrangères. Ceux-ci ne le pratiquent que pour donner à leurs annélides une grosseur factice, en sachant parfaitement que cette nourriture leur est nuisible et qu'elles ne peuvent y résister que pendant un certain temps. On reconnaîtra avec nous que bien que dans le marais, la digestion de ce sang soit plus facile que dans les vases où elle ne peut jamais avoir lieu, on ne peut citer aucun établissement qui ait donné des résultat satisfaisants avec ces vieux système.

Nous ne connaissons le second, celui de M. Borne, que par le rapport qui en a été fait à l'Académie impériale de Médecine de Paris; par la récompense dont la Société d'encouragement a honoré cet industriel; et par la polémique qui s'est engagée entre les partisans de celui-ci, et ceux d'un autre éleveur qui a revendiqué la priorité de ce mode d'alimentation.

Suivant ce rapport, M. Borne nourrit ses sangsues de deux manières.

Par la première, cet éleveur retire ses jeunes sangsues de ses bassins, et il les transporte à l'abattoir, où il les nourrit au moment où le sang s'échappe des veines de l'animal que l'on tue. Nous n'avons rien à dire sur cette manière d'opérer, sinon qu'elle est d'une application trop difficile, au point de vue industriel.

La même observation s'applique à la seconde manière de M. Borne, lorsqu'il nourrit ses sangsues au marais, en y transportant, *en courant*, le sang encore chaud de l'abattoir; lorsqu'il entoure de flanelle le vase qui contient ce sang, et qu'il l'agite dans le trajet, afin de l'empêcher de se coaguler. Par les faibles résultats que M. Borne a obtenus depuis les nombreuses années qu'il se donne tant de peines et de soins, résultats que nous trouvons consignés dans le même rapport, nous doutons que ces deux manières de nourrir, dont la première se rapproche le plus, il est vrai, des moyens naturels, trouve de nombreux imitateurs.

Un ecclésiastique espagnol, le docteur Gonzalez de Soto, est l'auteur d'un troisième système, en même temps que l'inventeur d'un appareil pour l'appliquer. Don Gonzalez nourrit ses sangsues dans le marais avec du sang de boucherie, froid ou chaud suivant les saisons, et n'importe le temps écoulé depuis sa sortie de l'abattoir, pourvu qu'il ne soit pas corrompu. Il a le soin, avant de le distribuer aux sangsues par portions pour ainsi dire réglées au moyen de son appareil, de le débarrasser de la fibrine comme étant trop indigeste; ensuite il le mélange d'eau, afin de le rapprocher le plus possible de celui des animaux à sang froid.

Don Gonzalez a fait, cet été, plusieurs expériences publiques dans les marais de Bordeaux. Il a parfaitement réussi, nous dit-il, à faire manger ses sangsues; maintenant, nous devons attendre les résultats de la reproduction et ceux surtout plus définitifs de son exploitation en général, afin de pouvoir établir une comparaison équitable entre son système et celui dont les preuves sont faites depuis si longtemps dans un département tout entier.

Quant à ceux qui sont contraires à l'introduction des chevaux dans les marais, par la seule raison qu'il y a dans ce fait un outrage permanent à la commisération publique, en même temps qu'une infraction coupable à la loi Grammont, nous les engageons à lire les rapports du Conseil d'hygiène et de salubrité de la Gironde, pour se convaincre que cette cause d'inquiétude et de dégoût est, depuis longtemps, l'objet de la plus vive sollicitude de ce Conseil, ainsi que de celle de toutes nos administrations supérieures.

Par la lecture de ces documents officiels, nos lecteurs apprécieront la courageuse initiative avec laquelle ce Conseil a entrepris, depuis plus de quatre ans, la tâche pénible et quelquefois méconnue de sauvegarder la salubrité publique qui lui est confiée; et de sauver une industrie utile, en la réglementant, et en la protégeant contre les excès de ses propres exploiteurs.

A ceux qui, à des points de vue bien opposés, pourraient encore méconnaître la véritable pensée de la Commission, lorsque dans son rapport du 13 Août 1853, elle demandait *qu'il soit interdit aux éleveurs d'introduire à aucune époque des chevaux ou autres animaux dans les bassins à sangsues*, nous n'avons qu'à dire de comparer ce rapport avec celui du 14 Avril 1854.

Ils y verront que le Conseil d'hygiène, impuissant à réprimer par la persuasion les écarts auxquels se livraient le plus grand nombre des éleveurs, se vit forcé d'imprimer une terreur salutaire, et de déployer une rigueur qu'il n'a pas maintenue, en présence de notre système d'exploitation qui allie aux soins les plus intelligents pour les pauvres vieux animaux auxquels nous demandons ce dernier service, la sécurité la plus complète pour la salubrité générale du pays.

Cette fermeté du Conseil d'hygiène aura produit un autre résultat très-considérable, selon nous, pour l'avenir de notre industrie. C'est celui d'avoir provoqué des études sur un nouveau mode d'alimentation des sangsues par les mammifères, sans que ceux-ci aient à pénétrer dans le marais.

Ce moyen très-remarquable, pratiqué depuis peu par un modeste éleveur, consiste à nourrir ces annélides hors des bassins, au moyen d'un pantalon de toile qu'on attache aux jambes des chevaux, qu'on remplit d'eau, et dans lequel on jette un nombre de sangsues proportionné à leur grosseur et de manière que la santé des chevaux ne s'en trouve pas altérée. Au point de vue de l'humanité et de l'économie du sang qui en résulte pour l'éleveur, ce procédé si simple sera vivement apprécié. Il permet de régler la nourriture des sangsues avec une facilité extrême, et par conséquent d'en priver celles qui n'en ont plus besoin.

Si l'on examine maintenant les dispositions intérieures des deux établissements représentés dans les planches 4 et 5, on reconnaîtra avec quelle facilité la nourriture peut y être distribuée aux sangsues, puisque de larges chemins sillonnant toute la surface des bassins, permettent de conduire les chevaux dans toutes leurs parties, et de nourrir ces annélides sur les lieux mêmes, sans fatigue et sans déplacement.

Mais là ne réside pas encore tout le mérite de cette innovation. Nous lisons, en effet, qu'à peu près à la même époque où l'éleveur de la Gironde cherchait par cet ingénieux moyen à éviter le défoncement de son marais, l'inventeur du *Marais domestique* se livrait, de son côté, à Paris, à des études analogues, pour utiliser son invention sous tous les points de vue, c'est-à-dire, pour l'appliquer avec autant de succès à la croissance des sangsues, qu'à leur conservation. Cet inventeur a été ainsi amené à créer et à faire bréveter, pour compléter son œuvre, des *Baignoires générales*, *locales* ou *partielles*, afin d'utiliser le sang de tous les animaux qui peuvent avoir besoin d'être saignés, à la la suite de quelque accident ou par le fait du malaise qui leur est habituel à chaque Printemps.

Voilà, selon nous, un grand et véritable progrès !... et lorsque nous le voyons accompli, n'est-ce pas un devoir pour nous de recommander un redoublement de prudence à ceux qui seraient encore tentés d'imiter servilement ce qui se pratique dans la Gironde ; lorsque nous savons, d'un autre côté, que l'administration supérieure travaille actuellement à la réglementation définitive de cette industrie.

Après cette digression dont nos lecteurs nous pardonneront la longueur, nous reprenons la suite de notre travail.

A la fin de l'hiver, dès que le printemps se manifeste par une température plus élevée, soit dans l'atmosphère, soit dans les eaux, et par la croissance nouvelle des plantes aquatiques; quand la nature entière renaît à la vie, il faut commencer à nourrir les sangsues. C'est le moment le plus convenable, celui où ces annélides profitent le mieux. Il faut donc leur distribuer une nourriture aussi abondante qu'on le pourra, jusqu'au mois de Juin; car, à aucune autre époque de l'année, elle leur sera aussi utile.

Les sangsues sont douées d'une sensibilité assez exquise, pour deviner, jusqu'à un certain point, les variations de l'atmosphère. Si le temps des glaces n'est pas passé, si le vent souffle, elles ne sortent pas de la terre. Au contraire, on peut prédire que la température ne s'abaissera plus, lorsqu'on les voit accourir en masse au moindre mouvement qui agite l'eau[1].

Lorsque le mois de Juin est arrivé, il est prudent de suspendre la nourriture. Alors, l'accouplement commence, la ponte va s'effectuer graduellement tout l'Été, et il serait nuisible de distraire ces animaux par l'appât du sang. On doit attendre la fin de Septembre pour recommencer la nourriture avec succès.

Les chevaux qu'on livre aux sangsues, doivent être

Moq.-Tandon, *Monogr.*, p. 215.

parfaitement sains, exempts de toute maladie, et sans aucune tumeur ni plaie aux jambes. Ils sont, en général, hors de service par leur âge ou par quelque accident ; leur valeur est très-minime et on les nourrit au vert par économie. On ne doit les livrer aux sangsues que tous les trois ou quatre jours, et ne les laisser dans les bassins que quelques heures, suivant, du reste, qu'ils auront nourri plus ou moins d'individus. Il est prudent et humain de ménager leurs forces, de les réparer par quelques jours de repos ; ils pourront, dans ce cas, faire un assez long service.

On devra éviter de nourrir sous les rayons trop ardents du soleil. Beaucoup de sangsues, dans leur avidité, trouvant la place prise à la ligne de l'eau, se hissent, hors de leur élément, sur les parties supérieures des jambes des chevaux, et pendant leurs aspirations, elles peuvent être foudroyées. Ce danger est particulièrement à redouter pour les petites. Un instant suffit pour que ces annélides soient raccornies et durcies comme un morceau de bois sec et rougeâtre.

Nous avons dit que, dans les marais soumis au dessèchement et qui sont situés sur les bords de la Garonne, la nourriture n'était distribuée qu'après la terminaison de la pêche ; et que malgré ce soin, les sangsues provenant de ces localités sont toujours grasses : ce résultat est inévitable. Dans ces eaux chargées de vase, une année entière de jeûne suffirait à peine à la complète digestion des sangsues. Or, le temps

qui s'écoule entre la fin de l'Automne où l'on nourrit,
et le commencement du Printemps où l'on pêche, n'est
pas assez long pour que leur purification ait pu avoir
lieu.

Il en est de même de la pêche de Septembre, après
que les eaux ont été remises dans les marais.

CHAPITRE VIII.

Soins pour les cocons.

La ponte n'a pas d'époque fixe ni limitée ; elle dure tout l'Été et une grande partie de l'Automne. Ce fait a été souvent vérifié par nous ; c'est la principale raison qui nous a fait adopter le système des eaux continues.

La simple réflexion suffira pour prouver aux éleveurs cette longue durée de la ponte, surtout dans les marais exploités industriellement, alors que la nourriture est largement distribuée aux sangsues, pendant tout le cours du printemps. Si l'on réfléchit, en effet, que les sangsues sont *androgynes*, c'est-à-dire, pourvues des sexes[1], on comprendra que toutes doivent produire des cocons, mais qu'elles ne peuvent pas toutes payer, à la même époque, le tribut exigé

[1] Moq.-Tandon, *Monographie*, p. 151.

de la nature, par la raison bien simple qu'elles n'y sont pas préparées en même temps. Tout indique, au contraire, qu'il doit s'écouler un laps de temps considérable entre ces pontes successives : la digestion en est la cause. L'alimentation s'effectuant avec abondance au Printemps, et à des intervalles inégaux, il faut que le travail de la digestion, toujours fort long chez les sangsues, soit très-avancé, afin que l'accouplement s'exécute et que la fécondation mutuelle ait lieu. Il faut ensuite que la gestation soit arrivée à son terme, que le développement des cocons, embrassant une période de 40 à 45 jours, soit terminé, avant que que l'éclosion arrive. Comment veut-on que tout cela s'accomplisse dans un temps limité par l'homme ?

Nous le demandons aux éleveurs des marais des bords de la Garonne : lorsqu'ils remettent les eaux dans leurs marais, à la fin du mois d'Août, ne s'exposent-ils pas à la destruction volontaire et irréfléchie, de la majeure partie de leur reproduction ? Nous sommes convaincu, quant à nous, que celle qu'ils obtiennent ne provient, principalement, que des cocons déposés sur leurs digues, après que les eaux ont de nouveau recouvert tout l'espace. Nous sommes d'autant plus fondé à le penser, que nous avons bien souvent remarqué des sangsues occupées à former leurs cocons en Septembre, en Octobre et même dans le courant de Novembre. Il faut avoir des marais aussi richement peuplés que sont ceux de ces éleveurs, pour sacrifier au desir de pêcher en Septembre, une partie si énorme de leur ponte ; mais pour les exploi-

leurs nouveaux, placés dans d'autres conditions, il
ne saurait en être ainsi. Nous leur signalons tous les
dangers ; c'est à eux à les éviter par une organisation
mieux entendue et mieux appropriée à cette éducation,
plus conforme, surtout, à ce que réclame le commerce de ces annélides, une pêche continuelle et sans
intermittence.

Le signe d'une gestation avancée se manifeste chez
les sangsues, par un renflement *ovoïde*, *jaunâtre*, qui
se forme au tiers antérieur de leurs corps, autour de
leurs parties sexuelles. Ce renflement est désigné par
les zoologistes sous le nom de *ceinture* (*clitellum*) [1].

Or, si l'on surveille attentivement un marais pendant l'Été, si l'on soumet à une analyse raisonnée et
sévère tous les mystères que la nature ne dévoile que
lentement à l'étude, on comprendra qu'il n'est pas
permis à l'homme d'assigner des limites, d'imposer ses
volontés, à ce qu'elle a organisé avec une si merveil-
leuse harmonie. Nous avons pensé qu'il était beaucoup
plus sage de copier la nature, et, en plaçant, par
conséquent, nos sangsues, dans un milieu qui leur
procure et l'eau et la terre, nous avons la confiance
de ne commettre aucune erreur à leur égard. Nous

[1] *Ceinture* Savigny. — *Clitellum* Villis. — *Bardella* Redi. — M.
Moquin-Tandon fait observer que la ceinture est déjà très-appa-
rente avant l'accouplement et qu'elle pourrait bien servir à l'adhé-
sion copulative (Dugès). Ce renflement est plus fort pendant la gestation ; il joue un rôle très-important, au moment de la ponte.
Monog, pag. 152.

nous fions à leurs instincts, pour choisir l'élément qui, suivant les saisons, leur sera le plus convenable. Les îlots dont nous couvrons les deux tiers de la superficie de nos bassins, n'ont pas d'autre but. Ils offrent aux sangsues des retraites paisibles, pour déposer leurs cocons.

Dans notre système mixte, la pêche étant continuelle, et les sangsues étant marquées du signe qui indique leur gestation avancée, les pêcheurs doivent rejeter dans le marais tous les individus à ceinture très-saillante.

Dans une grande exploitation, plus les bassins de purification seront nombreux, plus cette éducation présentera de facilité, et donnera de bénéfices. Ces bassins auront une destination différente tous les trois ans; ils alterneront et serviront, deux par deux, pour la purification, la première année, et pour la nourriture, les deux années suivantes. Les sangsues, qu'on aura à y nourrir, seront toutes celles qui y seront nées pendant le séjour des grosses.

Six bassins de purification, entourant le bassin principal de nourriture, forment, selon nous, l'exploitation la plus complète et la mieux raisonnée, dans un espace de quelques hectares. L'éducation y est plus facile que dans les grandes étendues de terrain que l'on croyait nécessaires, au début de cette industrie, mais qu'on abandonnera, lorsque, dans toute la France, des marais mieux entendus pourront journellement suffire aux besoins des localités. A cet égard, nous devons indiquer aux propriétaires ou aux industriels

qui n'ont pas à leur disposition des marais assez vastes,
pour y créer le nombre de bassins qui complètent une
exploitation considérable, comment ils pourront y sup-
pléer et se livrer également à cette industrie, quelles
que soient les proportions qu'ils pourront ou voudront
lui donner.

Un bassin pour la nourriture, et deux, pour la purification, pourront suffire. Les premiers six mois de
pêche, on jettera les sangsues dans le premier bassin
de purification, et les derniers six mois dans l'autre,
afin de ne pas mélanger les sangsues qui, sans cette
précaution, seraient inégalement purifiées.

Dans les exploitations restreintes, les éleveurs seraient exposés à la perte, presque complète, de leur
production, par l'absence de la nourriture, qui ne
pourrait être donnée à toutes les petites sangsues nées
dans ces deux bassins, les chevaux ne devant jamais
y pénétrer. Il leur sera facile de remédier à cela, en
modifiant les îlots élevés pour faciliter la ponte ; en les
rendant mobiles, de fixes qu'ils doivent être dans le
bassin de nourriture. A peu de chose près, le résultat
sera le même. Ils n'auront, à cet effet, qu'à couvrir
la superficie de leurs bassins de purification, d'un
grand nombre d'îlots portatifs, formés de quatre pieux
supportant une clairevoie sur laquelle seront disposées
des mottes de gazon et de tourbe. Le bord intérieur
de la digue de ceinture devra surtout en être garni. A
la fin du mois de Septembre, ou mieux, dans le courant de ce mois, ils devront, sans déranger ces îlots,

quant à leur intérieur, les faire changer de bassin, en ayant bien soin, lorsqu'on les replacera dans le bassin de nourriture, qu'on ne les submerge pas plus qu'ils ne l'étaient auparavant. De cette manière et sans de grandes dépenses, la plus grande partie des cocons écloront toujours dans le bassin de nourriture [1].

C'est dans l'hiver, quand ils n'ont rien à faire, que les gardes doivent confectionner ces îlots portatifs qui doivent être grossièrement faits et n'occasionner aucune dépense.

Des niches flottantes, formées par des gerbes de plantes aquatiques, conviennent parfaitement encore à la translation des cocons d'un bassin dans un autre. Les sangsues s'y plaisent et les recherchent pour y déposer leurs cocons ; elles choisissent la partie supérieure qui est toujours hors de l'eau. On a trouvé jusqu'à deux cents cocons dans une de ces niches qui n'avait pas été déposée dans le marais dans cette prévision. Les sangsues ont indiqué elles-mêmes combien elles se plaisent dans ces amas d'herbes aquatiques, où elles se réfugient lorsque l'eau les fatigue, et où elles trouvent des vides et des aspérités pour déposer leurs cocons et se dépouiller de leur épiderme.

Il est important de ne pas déranger les sangsues pendant la ponte. Deux moments surtout sont critiques

---

[1] Dans le chapitre qui traite *des perfectionnements*, nos lecteurs trouveront les moyens de mettre les cocons à l'abri des atteintes des animaux qui en font leur nourriture.

dans la production des cocons : celui de l'accouchement proprement dit, s'il est permis de s'exprimer
ainsi, et celui de la formation du tissu spongieux.

Au moment de l'accouchement, la ceinture est
énorme et très-pâle ; son épiderme se soulève, comme
s'il allait se détacher. L'animal se tord, entr'ouvre la
bouche et paraît souffrir. Bientôt, il se manifeste un
étranglement à chaque extrémité de la ceinture. Tout
d'un coup, l'annélide retire brusquement la partie
antérieure de son corps de la pellicule ovoïde qui revêt
le *clitellum*, comme s'il sortait d'un fourreau, et cette
pellicule, isolée, devient la membrane du cocon. La
sangsue sort à reculons ; mais avant de sortir, elle dépose dans l'intérieur de cette bourse, plusieurs petits
ovules, au milieu d'une certaine quantité d'humeur
albumineuse. Les deux ouvertures de la bourse se
resserrent aussitôt, et il reste, à leur place, deux
épaississements arrondis, brunâtres, qui tomberont
beaucoup plus tard, comme des opercules, à l'époque
de l'éclosion (Moquin).

Le cocon n'est pas encore complet ; il lui manque
le tissu spongieux ; celui-ci est déposé sur la membrane, comme une bave mousseuse, légère, de cou-
leur blanche[1]. Le moindre attouchement suffit pour
l'enlever. Aussi, la présence de l'eau, est-elle toujours
plus ou moins nuisible.

[1] Achard, Châtelain, Moquin-Tandon, Noble, Wedecke.

Quand les sangsues sont disposées à pondre, elles se retirent et s'enfoncent dans leurs galeries souterraines. Voilà pourquoi les cocons se trouvent habituellement cachés plus ou moins profondément. Mais, il arrive, quelquefois, qu'un éboulement de terrain, ou tout autre circonstance, vient mettre les cocons à nu, les expose à l'air sec ou les fait tomber dans l'eau. Les gardiens du marais doivent recueillir soigneusement ces cocons et les replacer dans la situation normale qui convient à leur développement.

C'est en suivant ainsi nos sangsues, pendant des années entières, dans leur vie intime et dans leur état de liberté, que nous avons pu acquérir quelques connaissances de leurs besoins et de leurs habitudes.

N'oublions pas de dire que les soins les plus importants que nécessitent les cocons, consistent à ne jamais être submergés, ni à être exposés aux influences de l'air et du soleil.

CHAPITRE IX.

Soins pour les petits.

Suivant l'âge et la grosseur des sangsues qui les ont produit, les cocons renferment de *cinq à vingt-trois* germes. Nous en avons trouvé, très-rarement, il est vrai, qui en contenaient de *trente à trente-deux.*

Nous étions dans l'erreur, lorsque nous disions que la moyenne de la production pouvait être fixée à *dix-sept germements* par sangsue; ce chiffre est bien au-dessous de la vérité. Des expériences faites ces deux dernières années et suivies avec la plus grande attention, viennent de nous prouver que ces annélides, placées dans des conditions favorables, produisent en général deux cocons, et que quelques-unes en produisent même jusqu'à trois. Nous pensons, qu'à cet égard, nul ne peut fixer une limite, et que la production est plus ou moins abondante, suivant que les chaleurs de l'été ont été plus intenses et qu'elles se sont plus longtemps prolongées dans l'automne.

Le desséchement des marais; leur immersion à des époques indéterminées, suivant le caprice ou les besoins de l'éleveur; les pluies d'orage qui noyent les cocons; les grandes sécheresses qui les brûlent, sont autant de motifs qui expliquent la grande différence qui existe dans la production d'un marais à un autre, et qui donnent une si grande supériorité à notre système des eaux continues.

Immédiatement après la naissance, le tissu spongieux des cocons sert de retraite à ces jeunes annélides, qui s'introduisent dans ses mailles, s'y débarrassent de leur épiderme, ou s'y mettent en sûreté contre leurs ennemis [1]. — C'est pourquoi, dès que l'éclosion est opérée, on ne doit pas se presser d'enlever du marais les cocons vides qui peuvent se rencontrer dans les îlots ou sur les rives, même ceux qui flottent accidentellement à la surface de l'eau [2].

Rien de positif ne peut être dit sur les soins que le premier âge des sangsues réclame, attendu qu'il est difficile de suivre les petits à la sortie des cocons, et qu'ils ne se montrent guère en quantité, qu'après avoir passé l'hiver dans la terre.

On peut conclure de cette remarque, que dans l'au-

[1] Moq.-Tandon, *Monogr.*, p. 193.
[2] Moq.-Tandon, *Monogr.*, p. 245.

tomne qui suit, où l'on voit leur sortie du cocon, les petites sangsues ne se nourrissent pas toutes avec le même empressement, avec le sang des quadrupèdes.

La terre offre-t-elle aux *germements* dans les myriades de lombrics ou d'autres animaux qu'elle renferme, l'aliment qui convient le mieux à leur premier âge?... Nul ne peut le dire; mais nous serions très-disposé à le croire, en voyant avec quelle avidité ils poursuivent et atteignent, quelques mois après, les petits poissons, les têtards et les grenouilles.

Ce n'est donc qu'au printemps qu'on voit accourir les sangsues nées dans l'automne, au plus léger mouvement par lequel on agite l'eau; et leur avidité dépasse, alors, celle des grosses sangsues.

Voulant étudier leurs premiers besoins, cherchant à deviner leurs instincts naissants, il nous est arrivé, bien souvent, de leur livrer, au printemps, et en même temps que des chevaux, des anguilles et des grenouilles que nous avions le soin d'attacher. Elles les attaquaient avec la même furie et s'y gorgeaient avec le même empressement. Nous remarquions, seulement, que beaucoup de germements qui s'étaient nourris aux chevaux, et avec trop d'abondance, étaient malades; leur digestion était laborieuse, ils sortaient de terre, et se suspendaient aux joncs, aux feuilles aquatiques, ou aux débris végétaux qui surnageaient. Quant à ceux qui se nourrissaient aux poissons et aux grenouilles, la nourriture qu'ils venaient de prendre, était à peine sensible dans leur tube digestif; ils quit

taient l'animal mort, sans paraître fatigués; et la vivacité de leurs mouvements restait la même.

Au risque de commettre une erreur qui, au demeurant, n'aura pas d'importance, au point de vue industriel, nous devons donc faire part de nos doutes et
dire que, selon nous, la nature offre, dans la terre,
une première nourriture aux germements, nourriture
qui leur sert de transition pour supporter impunément
celle, beaucoup plus substantielle, du sang chaud des
quadrupèdes.

Il nous est arrivé, bien souvent, de pêcher des
grosses sangsues portant attachés autour d'elles trois
ou quatre germements qui semblaient se nourrir, pour
ainsi dire, contre les flancs de leur mère. Il nous a
été alors facile de constater l'erreur des éleveurs de la
Gironde, qui supposent que les sangsues gorgées, sont
attaquées par les petites. D'après eux, celles-ci se
nourriraient, à leur tour, du sang dont les grosses
sont pleines.

Après avoir laissé les petites sangsues quitter d'elles-
mêmes les grosses, dans les vases où nous les avions
placées, il ne nous a jamais été possible de remarquer
la moindre blessure sur ces dernières. Plus que jamais, nous avons compris que ces annélides ne se
piquaient pas entre elles[1]. Il faudrait, en effet, que

---

[1] Dans certaines circonstances, on a vu, il est vrai, des Hirudinées sucer des sangsues médicinales, mais ces Hirudinées apparte-
naient à des genres différents (voy. le chapitre suivant).

les blessures produites par leurs morsures, fussent bien profondes, pour pénétrer jusqu'au tube digestif qui contient le sang étranger. Il n'y aurait pas alors de nourriture possible pour les sangsues. Ce serait une erreur de la nature, et nous savons qu'elle n'en commet jamais.

En résumé, nourrir au printemps et laisser agir l'instinct de l'animal, tels sont les soins que les éleveurs auront à prendre pour les petites sangsues, après qu'ils auront éloigné de leurs retraites, les nombreux animaux qui les recherchent avec avidité. Nous traiterons cette question plus au long, dans le chapitre des perfectionnements.

CHAPITRE X.

**Ennemis des Sangsues et moyens de les détruire
ou de les éloigner [1].**

Dans une grande exploitation, lorsque plusieurs millions de sangsues, de tout âge, sont agglomérées dans un espace assez circonscrit, il importe d'éloigner des bassins tous les animaux qui leur font une guerre acharnée, et qui, différemment, trouvant sans efforts une proie toujours abondante, et facile à saisir, se multiplieraient à l'infini, et causeraient des dommages considérables.

Dans un marais naturel très-vaste et peu peuplé,

Voyez le mém. du D.ᴿ Ebrard, intitulé : *Des ennemis des sangsues médicinales et des moyens de soustraire ces annélides à leurs atteintes.* Lyon, 1851, in-8.°

l'attaque de leurs ennemis est moins à redouter pour les sangsues.

Il n'en est pas de même dans une entreprise industrielle, où tout doit être surveillé et coordonné avec intelligence et avec l'économie la plus sévère.

Au nombre des ennemis les plus redoutables pour les sangsues, nous plaçons en première ligne, le Rat d'eau (*Mus amphibius* Linn.). Ce rongeur est très-avide des sangsues nouvellement gorgées, et sait les saisir avant qu'elles aient pu s'enfoncer dans la terre. Blotti sur les digues et sur les îlots, il attend sa proie, la saisit au fond de l'eau ou lorsqu'elle passe à sa portée, et la dévore sur la terre où les traces de ses déprédations sont visibles. Ces rats sont fort gros et peuvent détruire, chaque jour, un grand nombre de sangsues. S'il y en a plusieurs dans un marais, on peut juger des dégâts qu'ils peuvent commettre[1].

Les taupes (*Talpa europæa* Linn.), viennent ensuite et sont tout aussi dangereuses. Creusant sans cesse leurs galeries dans les digues, et toujours dans la terre humide que recherchent les sangsues, elles dévorent toutes celles qu'elles rencontrent pendant leurs pérégrinations souterraines ; et l'on sait si elles sont actives, et quelle quantité de terrain chacune d'elle peut parcourir.

[1] Nous reparlerons plus longuement de ce terrible ennemi des sangsues, en indiquant, dans un chapitre spécial les moyens de s'en préserver.

Il nous est arrivé de trouver des cocons rongés à moitié, dont l'enveloppe si épaisse se trouvait coupée comme aurait pu le faire un instrument tranchant. Nous ne connaissons que la *taupe*, dans le sein de la terre, qui soit armée de dents assez aiguës pour entamer les cocons [1].

Parmi les mammifères ennemis des sangsues, on a cité encore la *Musaraigne d'eau* (*Sorex fodiens* Gmel.) M. Joseph Martin a trouvé de ces annélides dans son estomac. D'autres ont parlé du *hérisson* et de la *loutre*. M. Ébrard indique aussi le *porc*.

Les *oiseaux* ennemis des sangsues sont nombreux, mais peu à redouter sous nos latitudes, où ils ne paraissent guère que l'hiver, alors que ces annélides sont enfoncées dans la terre. Ce sont, en général, les *palmipèdes*, et principalement les *canards*. Ceux-ci, tant sauvages que domestiques, causeraient d'immenses ravages, si on les laissait tranquilles possesseurs du marais, pendant l'été, le printemps et l'automne [2].

Parmi les *reptiles*, les serpents et particulièrement la *couleuvre à collier* (*Coluber natrix* Lin.), doivent

[1] La Courtillière est peut-être plus avide de cocons que la taupe. Nous avons, à cet égard, un exemple bien récent à citer. Dans un de nos petits *marais-domestiques*, nous venions de constater la présence de trente et quelque cocons, lorsqu'il a suffi d'une seule courtillière pour les dévorer tous dans quelques jours.

[2] M. de Puymaurin a beaucoup exagéré, dans un discours bizarrement remarquable, à la Chambre des Députés, la consommation des sangsues par les canards.

être écartés avec soin. Habitant des solitudes qui avoisinent les marais, ils viennent dans l'été, chercher la fraîcheur sous les hautes herbes qui croissent sur les îlots et sur les digues. Nous en avons vu, bien souvent, qui fuyaient à notre approche au fond de l'eau, et on en a tué ayant plusieurs sangsues dans l'œsophage.

Les *anguilles* et les *brochets* doivent être rigoureusement exclus des bassins, à cause de leur gloutonnerie bien connue. Quant aux autres petits poissons que le courant amène dans le marais, ce ne sont que de pauvres victimes, et non des ennemis à craindre. Nous en avons vu des myriades ne pas résister vingt-quatre heures aux attaques des petits germements qui ne les abandonnent que privés de vie.

Parmi les autres habitants des eaux, il est possible que dans d'autres pays, sous d'autres latitudes, il se trouve des *insectes* ou des *larves d'insectes* dangereux pour les sangsues : nous devons dire que malgré l'attention soutenue et journalière avec laquelle nous avons étudié les mœurs de ceux qui pullulent dans nos eaux, nous n'en avons jamais remarqué un seul attaquant une sangsue en vie [1].

Il en est, cependant, qui peuvent paraître dange-

---

[1] Nous devons dire toutefois, que d'après le docteur Ebrard, non-seulement certains insectes aquatiques et terrestres, par exemple, des *courtillières*, des *carabes*, des *dytiques*, des larves d'*hydrophiles* dévorent les sangsues, mais encore certains petits *crustacés*.

reux par leurs mandibules tranchantes et par les défenses de leurs queues. Nous en avons vu dévorer des lombrics morts, des sangsues également mortes ; mais nous ne les avons jamais observés attaquant une sangsue vivante. S'ils se heurtent en nageant, les insectes avancent leurs armes et piquent les sangsues, mais celles-ci ne paraissent pas s'en apercevoir.

Certaines hirudinées attaquent aussi les sangsues médicinales et peuvent occasionner de grands dégâts dans les marais ou bassins d'exploitation. Les *aulastomes* et les *trochètes* [1] les avalent après les avoir coupées par morceaux, quand elles sont adultes, ou en entier, pendant leur jeunesse. Il importe beaucoup de purger les établissements de sangsues de ces voraces annélides. Il faut, quand on peuple les marais, examiner avec soin tous les individus, et rejeter les *aulastomes* et les *trochètes* qui pourraient s'y trouver. Ce sont ces animaux, mal observés et pris pour de vraies sangsues, qui ont fait dire à des éducateurs, et même à des savants, que les espèces médicinales pouvaient se dévorer entre elles.

Les *glossiphonies* [2] s'attachent quelquefois, en nombre considérable, au corps des sangsues et semblent se gorger de leur sang, ce qui nous paraît douteux. Mais le fait fût-il certain, comme ces hirudinées sont

---

[1] Mocq.-Tandon, *Monog.*, p 111, 112, 308, 312, Pl. IV, fig. 1 à 5 et Pl. V, fig. 1 à 6.

[2] Mocq.-Tand., loc. cit.

de taille fort petite , le mal qu'elles produiraient n'entraînerait pas de grandes pertes.

Au demeurant, les dangers que nous venons d'indiquer, sont faciles à conjurer et à combattre, aujourd'hui que chaque exploitation nécessite la présence continuelle de quelques chiens et de plusieurs pêcheurs ou gardes. Les marais se trouvant ainsi toujours habités , parcourus, nuit et jour dans tous les sens, par les uns et par les autres , les animaux étrangers osent moins affronter leur voisinage.

Les *rats* et les *taupes* sont le plus à craindre : de la pâte phosphorée placée sur les îlots , pendant la nuit, sur un morceau de planche ou de tuile, suffira pour détruire les premiers ; des pièges auront raison des secondes; mais par dessus tout, la vigilance des gardiens en aura bien vite débarrassé le marais.

CHAPITRE XI.

Maladies des Sangsues et des moyens de les combattre.

Plusieurs auteurs ont écrit sur les différentes maladies des sangsues, ainsi que sur les moyens de les combattre. Ils l'ont fait sans succès jusqu'à présent : ces hommes de science n'ayant pu se livrer à leurs études, que dans le silence et les méditations du cabinet et sur des sangsues placées en dehors de toutes les conditions normales de leur vie naturelle.

Pour nous, notre intérêt nous a obligé à étudier ces maladies avec la plus sévère attention et la plus grande persévérance. Placé dans les meilleures conditions pour observer avec facilité cette partie si intéressante de l'éducation des sangsues, nous avons pu suivre chaque jour ces annélides dans leur état de liberté, et nous croyons ne pas nous tromper, en disant que les affections nombreuses auxquelles les

sangsues sont sujettes, doivent être imputées principalement à la domesticité, et regardées comme résultats inévitables des conditions contre nature, auxquelles elles avaient été soumises.

Dans nos considérations générales, nous avons indiqué les diverses causes qui, après avoir produit graduellement l'incapacité des sangsues étrangères, les
déciment avec rapidité chez tous les marchands qui
les livrent directement à la consommation. Nous nous
étendrons plus longuement sur cette question si importante pour le public, lorsque nous parlerons du
Marais-domestique destiné à faire disparaître toutes les
maladies des sangsues; et, à cet égard, nous consta-
tons, ici, que cette précieuse découverte, ainsi que
toutes celles qui vont en découler, n'est que le résultat de nos travaux et de nos études sur *l'utilité des
bassins de purification et du système des eaux continues.*

Lorsque, depuis cinq ans, nous avons, le premier,
mis en pratique ces deux grandes améliorations dans
l'éducation des sangsues, ainsi que le prouve le rapport du Conseil d'hygiène et de salubrité de la Gironde
du 19 Juillet 1850, en faisant mention des dispositions
intérieures de l'établissement que nous avons organisé
dans le domaine de *Sénéjac*; lorsque, surtout, nous
avons publié il y a deux ans tout notre système, nous
sommes on ne peut plus étonné de voir un moderne
écrivain [1] en revendiquer la priorité et le privilège; et

___

[1] Don Gonzalez de Soto. — Dans la brochure que cet auteur vient

nous devons, dans l'intérêt des éleveurs éloignés, repousser tout ce qu'une prétention aussi exorbitante a de si peu fondé.

Quant aux maladies qui se produisent dans les marais, partageant complètement l'opinion de M. Moquin-Tandon, nous dirons avec lui aux éleveurs : *Que les préservatifs dans un vaste marais sont préférables aux agents thérapeutiques*, qui, à tous égards, sont plus ou moins impraticables.

Reconnaissant la vérité et la sagesse de ce conseil, ce n'est donc, qu'au point de vue de l'éducation pratique, que nous essayerons de jeter quelque clarté sur un point qui l'intéresse à un si haut degré, et nous disons, avec la certitude la plus complète, aux éleveurs de tous les pays : Que la mortalité ou les maladies qui règnent, dans un marais, proviennent *toujours* de l'ignorance et de l'insouciance des exploiteurs.

de publier, nous lisons, en effet, à la page 99, les lignes qui suivent :

« Quelques éleveurs de la Gironde commencent à comprendre que l'étendue de l'eau est moins importante que la multiplicité des bords ; et, à cet effet, depuis un an environ, ils ont élevé, dans leurs immenses marais, des bords et fait des îlots. Mais ces bords ont le désavantage d'être en ligne droite et trop éloignés les uns des autres. Ils laissent les sangsues sans un abri suffisant ».

« Nous tenons à constater que cette idée de multiplier les bords, est spécifiée dans le brevet que nous avons pris en 1852, *afin d'en revendiquer au besoin la priorité et de faire valoir nos droits si* besoin est. »

N'est-ce pas, en effet, par ignorance qu'on a peuplé les marais avec des sangsues achetées, sans discernement et sans prudence, aux marchands qui les recevaient de l'étranger, et dont l'unique intérêt était de se débarrasser au plus vite, d'une *marchandise* qu'ils ne pouvaient pas conserver, sans courir les chances d'une mortalité inévitable?... N'y avait-il pas ignorance absolue et insouciance profonde, à vouloir fonder une colonie florissante avec des éléments vicieux, entachés de principes morbides difficiles à reconnaître, mais qui n'en étaient pas moins désastreux dans leurs conséquences rigoureuses?....

Nous avons été, nous-même coupable de cette ignorance et de cette insouciance; et, c'est par les écoles que nous avons faites, que nous sommes autorisé à le proclamer dans un *Manuel* qui n'a d'autre but que de préserver les éleveurs nouveaux des fautes que nous avons pu commettre, au début de nos travaux et de nos études.

Laissant donc à leurs auteurs le mérite des divers moyens de guérison qu'ils indiquent, nous nous bornerons à signaler les maladies qu'il nous a été permis d'observer dans des marais divers, offrant des terrains bien différents. Nous en dirons les causes, en appelant sur elles toute l'attention des éleveurs, pour qui la répétition de ces maladies aurait les conséquences les plus funestes. Nous citerons quelques exemples, à l'appui de nos assertions, et seulement ceux dont nous aurons été les témoins oculaires.

Le changement d'épiderme est, pour les sangsues, une opération difficile et délicate qui dégénère en véritable maladie, si ce changement n'est pas complet; nous l'avons déjà dit, ce fait naturel mérite d'autant plus d'attention, que ces annélides le subissent plusieurs fois dans l'année [1].

Nos pêcheurs et nos éleveurs appellent *piqûre*, l'étranglement qui résulte des fragments d'épiderme qui restent attachés aux anneaux des sangsues. Ils l'attribuent aux blessures que celles-ci se font entre elles, ou à la morsure de l'un des nombreux insectes qui habitent les marais. C'est une grave erreur; et nous sommes convaincu que l'auteur de la *Monographie de la famille des Hirudinées* est parfaitement dans le vrai, lorsqu'il attribue à l'épiderme dont elles ne sont pas complètement dépouillées, ces étranglements, quelquefois multiples sur le même sujet, qui leur enlèvent toute valeur commerciale, mais qui disparaissent dans le marais.

Nos pêcheurs et nos éleveurs sont d'autant plus excusables de l'erreur qu'ils commettent, qu'il est très-difficile de distinguer l'enveloppe incolore et très-fine dont les annélides se débarrassent. Lorsqu'elles se livrent à ce travail, elles sont généralement enfoncées dans la terre; on ne peut qu'apercevoir leur ventouse orale et suivre le mouvement régulier et continu qui dure des heures entières, par lequel elles s'en dépouillent en se frottant contre les aspérités des racines.

[1] Carena, Johnson, Brandt, Knotzmann, Otto, Moquin-Tandon.

Il ne nous a été donné qu'une seule fois de pêcher une sangsue surprise, à la fin de son travail, traînant après elle son épiderme intact, entier, tenant seulement à sa ventouse anale [1].

Si, lorsque ces étranglements occupent la partie supérieure de son corps, l'annélide prend une nourriture trop abondante, sa digestion ne pourra se faire et la mort en sera la suite.

Dans un marais à fond de tourbe ou de limon, cette maladie ne présente pas de graves dangers. Ainsi que nous l'avons dit plus haut, les sangsues peuvent, avec facilité, se réfugier dans la terre où elles trouvent des aspérités qui les aident à se dépouiller de la totalité ou des fragments de leur épiderme.

Il n'en est pas de même des terrains sablonneux, très-forts, ou dénués de toute espèce de végétation, dans lesquels les sangsues ont de la peine à pénétrer : dans des conditions aussi mauvaises, cette maladie prend des proportions effrayantes et dépeuplerait tout le marais. Ce cas s'est présenté à nous, au commencement de nos recherches, et nous fûmes obligé de faire pêcher pour les changer de localité, les sangsues que nous avions placées dans une très-mauvaise partie du marais. Quelques mois après, *toutes* étaient complètement guéries.

[1] Les sangsues *maigres*, c'est-à-dire complètement purifiées, pêchées à la fin de l'hiver et conservées, pendant un mois, dans des vases pleins d'eau, se débarrassent facilement de leur épiderme, quoiqu'elles soient hors de la terre.

Dans des cocons ouverts peu de temps avant l'éclosion, nous avons trouvé des germements, qui n'avaient pas encore vu la lumière, affectés déjà de ces étranglements d'épiderme.

Dans les terrains marécageux, réunissant les conditions que nous avons indiquées, les éleveurs n'auront guère à redouter d'autres maladies que celles qui, sous différents aspects, proviennent, toutes, *d'une nourriture malsaine, trop abondante ou distribuée dans des moments inopportuns.* Celles-ci sont très-dangereuses, souvent mortelles, et exigent une surveillance très-grande.

Il est d'autant plus facile au directeur d'un marais de constater, chaque jour, l'état sanitaire des sangsues, que celles-ci ne meurent jamais dans la terre; et qu'au fond d'une eau calme et limpide, il est facile de compter les mortes.

Toutes celles qui, sans être provoquées, parcourent le marais en nageant lentement, ou qui restent suspendues dans un état de torpeur aux débris qui surnagent, aux brins de joncs, aux herbes aquatiques, sont malades; leur digestion est pénible. Si leur nombre est considérable, il faut suspendre la nourriture et rafraîchir l'eau fréquemment, pendant les chaleurs surtout. Dans un bon marais, on ne doit jamais voir de sangsues hors de la terre, à moins qu'on ne les appelle.

Nous avons dit, ailleurs, que les chevaux qu'on livre aux sangsues, doivent être parfaitement sains, exempts de toute maladie et sans aucune tumeur, ni plaies aux jambes. Nous ajouterons, ici, qu'on doit veiller avec soin à ce que les gardes ne les laissent jamais mourir dans le marais, car les accidents de ce genre, bien qu'ils soient provoqués par des causes différentes, ne peuvent qu'être nuisibles à la santé des sangsues, en même temps qu'ils sont un objet de dégoût dont il importe de débarrasser une industrie si intimement liée à la santé publique.

Ce sont, en général, la vieillesse des chevaux, le marasme produit par l'épuisement du sang, ou les maladies nombreuses auxquelles ils sont sujets, qui occasionnent la mort des chevaux dans le marais. Dans les deux premiers cas, le sang, modifié seulement par la mort qui s'approche, s'il n'est pas essentiellement nuisible aux sangsues, ce qui est pour nous un grave sujet de doute, ne peut être d'aucun profit pour ces annélides, en raison de la décomposition progressive des substances nutritives qu'il contient. Le cas est beaucoup plus sérieux, lorsque, à ces deux causes, vient se joindre une maladie antérieure et souvent fort grave. Alors le sang décomposé et fortement altéré par la maladie, ne peut être digéré sans accidents fâcheux.

Il en est de même de celui que ces annélides puiseraient dans une plaie purulente. Les mêmes effets que nous avons décrits, et qu'occasionne le sang d'abattoir, se manifestent. Ce sang, modifié par les approches de la mort, ou vicié par le pus auquel il est mêlé, ne peut être digéré par les sangsues qui, bien que fort avides, sont également très-délicates. Il se corrompt dans leur tube digestif, devient épais et noirâtre, et se forme en grumeaux. Les annélides qui l'ont absorbé, se tuméfient, deviennent bosselées, étranglées en plusieurs endroits; elles sortent de terre, se traînent quelques instants au fond de l'eau et meurent en répandant autour d'elles un sang noir et épais.

Il nous est souvent arrivé d'en sauver de la mort, en les débarrassant de cette corruption qui les étouffe, par une forte pression de bas en haut, ce qui les force à se dégorger.

Beaucoup échappent également à la mort, si, lorsqu'elles sont dans cet état, il se forme entre leurs anneaux, et dans la partie qui se trouve resserrée, une tumeur qui ne tarde pas à s'ouvrir. Dans ce cas, le sang corrompu, cause de leur maladie, s'écoule par cette issue qui devient une plaie large et profonde, dont la guérison est très-longue et la cicatrice long-temps visible [1].

[1] Ces cicatrices sont quelquefois considérables; presque toujours il y en a plusieurs sur le même sujet. Ce sont elles qui ont fait croire à nos négociants en sangsues, que ces annélides étaient attaquées, dans le marais, par certains insectes, ou qu'elles se piquaient entre elles dans les sacs, ou dans les vases. Ils ignoraient que, dans l'eau, il n'y a pas un seul insecte qui puisse ainsi entamer et enlever un morceau de peau aux sangsues; et que, d'autre part, les blessures qu'elles produisent elles-mêmes sur tous les individus qu'elles atta-quent, ont une forme déterminée qui ne permet pas le doute. Tou-tefois, nous devons le dire, il y a des auteurs qui admettent cette opinion de nos éleveurs, selon nous erronée: M. le D.ʳ Ébrard, de Lyon, entr'autres. Se sont-ils trouvés, comme nous, dans les condi-

Pour notre instruction, nous avons, en dernier lieu, répété plusieurs fois ces deux épreuves du sang vicié; les résultats qu'elles ont produits, ne se sont jamais fait attendre, et n'ont jamais trompé nos prévisions.

Il est surtout un cas dont nous avons été témoin, qui est trop concluant pour que nous le passions sous silence : le voici. Nous avions une jument qui s'étant blessée au genou, portait, en cet endroit, une tumeur énorme arrivée à l'état de suppuration. La jugeant perdue et voulant faire une expérience à nos risques et dépens, nous la fîmes conduire dans une partie séparée du marais, pour y servir de pâture aux sangsues. Bientôt l'épuisement la fit tomber, et nous remarquâmes qu'un nombre considérable d'annélides s'étaient appliquées particulièrement sur la tumeur purulente qu'elles eurent rapidement dévorée. Dans le courant des deux mois qui suivirent, nous eûmes le soin d'examiner, tous les jours, cette partie du marais, et nous constatâmes que toutes les sangsues qui s'étaient nourries à cette source impure, sortaient de terre les unes après les autres et venaient mourir au fond de l'eau, étouffées par le sang vicié qu'elles n'avaient pu digérer. Nous en perdîmes ainsi environ 300, mais nous fûmes confirmé dans notre opinion.

Nous pouvons donc l'affirmer, sans crainte de déné-

tions d'une observation journalière longtemps prolongée? Ont-ils, comme nous, suivi, pas à pas, les différentes phases de l'existence des sangsues? Nous laissons à l'expérience et au temps le soin de décider cette question.

gations contraires, la principale cause des maladies des sangsues, dans leur état de liberté, provient, principalement, de leur nourriture ; et, sauf le changement d'épiderme, l'éleveur attentif et intelligent n'aura pas à en redouter les effets, s'il a soin d'en éviter les causes.

C'est ainsi que nous l'engageons à suspendre toute alimentation dès le mois de Juin, autant parce que le moment de l'accouplement est venu, que pour ne pas exposer ses sangsues à un gorgement nouveau, avant que la digestion de la nourriture, prise au printemps, soit complète.

Les éleveurs qui ont échoué, et le nombre en est limité, ne peuvent attribuer qu'à eux-mêmes, l'insuccès de leurs entreprises.

CHAPITRE XII.

Pêche des sangsues.

Chaque contrée a ses usages pour la pêche des sangsues ; ces usages ont tous été parfaitement décrits, et
ne présentent pas assez d'intérêt pour que nous y re-
venions dans notre *Guide-pratique*[1]. Nous ne nous
occuperons que du seul procédé usité dans les exploitations régulières.

Cette pêche des sangsues est des plus faciles. Des
hommes ou des femmes munis de grandes bottes qui
les garantissent des morsures des annélides, pénètrent
dans le marais, tenant, à la main gauche, un sac d'une
toile très-serrée, de deux décimètres de hauteur sur
un de largeur. Ils agitent l'eau avec leurs pieds, ou en

Moq.-Tandon, *Monographie*, p. 220.

la frappant, autour d'eux, avec un bâton. Les sangsues répondent vite à cet appel ; elles accourent en
foule à la surface de l'eau ; et c'est lorsqu'elles nagent
à la portée des pêcheurs ou qu'elles s'attachent à leurs
bottes, qu'ils les saisissent avec deux doigts, l'indica-
teur et le médian, et les jettent dans le sac qu'ils ont
le soin de tenir ouvert. De temps en temps, ils agitent leur sac afin de faire retomber dans le fond toutes
celles qui tenteraient de s'échapper par l'ouverture.

Le mouvement par lequel on saisit les sangsues,
doit être très-rapide, afin d'éviter qu'elles s'attachent
aux mains. L'habitude en est bientôt prise, et nous
voyons des pêcheurs expérimentés en pêcher plus de
mille dans un marais bien peuplé, dans l'espace de cinq
à six heures.

On doit veiller avec une scrupuleuse attention à ce
que les mains des pêcheurs soient très-propres, ainsi
que les sacs dont ils se servent. Cette précaution doit
être particulièrement observée par les individus qui
fument. Beaucoup négligent ces soins minutieux
comme étant puérils. Nous étions de ce nombre ; mais,
depuis un fait qui s'est produit sous nos yeux, nous
avons compris qu'on ne saurait être trop soigneux, et
que beaucoup de sangsues qui se montrent languis-
santes, ou même qui meurent, ont puisé le germe de
leurs maladies dans le contact d'une main impure.
Voici cet exemple que nous citons encore, pour donner plus de valeur à notre recommandation.

Pour le service de notre maison, nous eûmes besoin de 12 sangsues. Nous les fîmes pêcher en notre présence; on les renferma dans un verre couvert d'un papier, et ce verre fut ainsi porté dans la chambre du malade à qui elles étaient destinées. Quelques instants après, on vint nous chercher pour nous rendre témoin de l'agitation extrême de ces sangsues. Bientôt, cette agitation devint telle, qu'elles percèrent le papier et se répandirent dans la chambre. Ne sachant à quoi attribuer ce fait qui nous donnait de l'inquiétude, nous réunîmes de nouveau les 12 sangsues et les replaçâmes dans le verre. Deux ou trois heures après, onze d'entre elles étaient mortes. Le papier qui avait servi pour couvrir le verre, avait contenu du tabac; pendant le transport, l'eau avait touché le papier. Il n'en avait pas fallu davantage pour empoisonner les sangsues !...

Lorsque les vents du Nord, de l'Est ou de l'Ouest soufflent avec force, on doit s'abstenir de pêcher : la pêche serait alors infructueuse.

Si c'est pour la vente que la pêche a lieu, elle doit être faite avec plusieurs pêcheurs à la fois, afin qu'elle soit plus abondante. Ces annélides ne sont pas très-habiles à nager et se fatiguent vite; le moindre choc les précipite au fond de l'eau, et elles se réfugient dans la terre. A cause de cela, il est très-important de les saisir à leur première apparition, sans leur donner le temps de s'échapper.

Les pêcheurs doivent se former en cercle, afin que chacun d'eux puisse saisir les sangsues qui nagent à sa circonférence ou dans son intérieur, et parcourir ainsi tout le marais sans se diviser. Si, au contraire, ils s'éparpillent, les sangsues ne sauront à qui aller ; et, fatiguées, elles se retireront dans le fond du marais, pour ne plus reparaître de l'année.

Les bottes des pêcheurs devront toujours être entourées de toile. Cette précaution qui n'est jamais observée par la généralité des pêcheurs, procure une pêche plus abondante et ne coûte que peu de soins. L'huile, la graisse ou le suif, dont se servent les pêcheurs pour ramollir ou entretenir leurs bottes, sont un objet de dégoût pour les sangsues qui viennent s'y attacher ; aussi les abandonnent-elles vite. Il n'en serait pas ainsi, si une enveloppe de toile entourait ces bottes. Les sangsues s'y cramponnent avec beaucoup de ténacité, et la pêche serait aussi abondante sur cette toile, que celle que l'on fait avec la main.

Ces détails ne doivent pas être négligés ; ils ont leur importance et concourent au succès général de l'entreprise.

Par la négligence de toutes ces petites précautions, que quelques-uns trouveront insignifiantes, mais que nous recommandons d'une manière spéciale, la pêche s'est trouvée quelquefois suspendue, et est devenue impossible pour le reste de la saison. Ainsi, par exemple, on a vu plusieurs pêcheurs pénétrer séparément dans une partie d'un marais qu'ils savaient être parfaitement peuplé. A peine entrés dans l'eau, les sangsues répondaient en masse à leur appel ; et quelques instants leur suffisaient pour en pêcher, chacun, plusieurs centaines. Elles se montraient en grande quantité autour d'eux, et la pêche promettait d'être des plus heureuses. Voulant vider leurs sacs et laver les sangsues déjà pêchées, pour ne pas laisser trop longtemps ces annélides dans l'humeur visqueuse qu'elles secrètent en si grande quantité, lorsqu'on les sort de l'eau, humeur qui leur est extrêmement nuisible, ces pêcheurs quittaient un instant le marais, après l'avoir parcouru presque entièrement. Quand ils y rentraient pour continuer la pêche, ils n'y trouvaient plus une seule sangsue. Quelques jours après, le dessèchement ayant eu lieu, les propriétaires du marais voyaient, pour une saison, leur moisson leur échapper quoiqu'elle fut des plus abondantes.

L'explication de ce fait est des plus simples : toutes les sangsues avaient été mises en mouvement ; toutes étaient venues dans les eaux des pêcheurs ; mais comme elles ne trouvaient que fatigue et dégoût là où elles espéraient trouver une copieuse nourriture, on ne saurait être étonné de leur rentrée générale dans la terre et de leur répugnace à en sortir.

Il faut que les sangsues soient bien affamées pour se montrer sur l'eau plusieurs fois, à quelques instants d'intervalle.

Les pêcheurs ne doivent quitter le marais que lorsqu'ils ont fini leur journée. L'un d'eux peut suffire pour vider tous les sacs des autres ; ils doivent être très-nombreux pour saisir avec la plus grande rapidité la majeure partie des sangsues qui se montrent, et dont on ne pêcherait pas, sans cela, la dixième partie.

Dans notre système d'éducation, la pêche, pour la vente, est plus facile et plus certaine, puisqu'elle n'a lieu que dans les bassins de purification où les sangsues jeûnent depuis longtemps. Cependant, nous croyons qu'il sera toujours prudent d'employer à ce travail plusieurs pêcheurs à la fois. Il y aura nécessité absolue de le faire, si l'on veut pêcher dans l'hiver, même sous la glace.

Ce fait qui ne s'était jamais produit dans les autres marais, a eu lieu, dans l'un des bassins de purifications que nous avons organisés, dont le sol est formé de tourbe, et qui est alimenté par de l'eau de source.

Nous engageons nos lecteurs à examiner de nouveau les différentes dispositions intérieures des établissements dont les planches qui ornent notre livre leur donnent une fidèle reproduction ; et ils comprendront combien la pêche qui, dans les vastes marais de la Gironde est coûteuse et difficile, peut, par notre système, se faire en toute saison, facilement et sans grande dépense, les sangsues étant réunies dans des espaces plus restreints.

CHAPITRE XIII.

Soins à prendre pour faire voyager les Sangsues.

Il n'y a eu jusqu'à présent, que deux manières de faire voyager les sangsues. En disant cela, nous n'entendons parler que des quantités que le commerce reçoit ou expédie à de grandes distances, et qui forment une branche très-importante de nos transactions avec l'étranger.

Ces deux manières sont l'emploi des sacs et celui de l'argile pétrie et humide.

Les sangsues qui nous sont expédiées de la Hongrie, arrivent en poste dans des fourgons. Ces sangsues sont contenues dans des sacs de toile placés horizontalement, à côté les uns des autres, sans aucune pression supérieure.

Pendant l'été, la rapidité du voyage ainsi que les soins dont on entoure ces annélides, ne les garantissent pas toujours d'une mortalité considérable.

La cause, nous l'avons déjà donnée pour celles qui viennent par mer : elle est, ici, la même et produit les mêmes effets.

C'est, uniquement, une violation des lois naturelles qui n'admettent jamais la moindre infraction.

Nous avons déjà indiqué le mode de transport adopté pour toutes les sangsues qui arrivent par mer ; sans nous répéter, nous dirons qu'il a été le même, jusqu'à présent, pour toutes celles qu'on expédie dans les colonies, tant de France que d'Angleterre. Nous allons revenir sur ce sujet très-important.

Pour les sangsues qui n'ont que de courtes distances à parcourir, on se sert également de sacs d'une toile très-serrée que l'on place à côté les uns des autres, dans un panier carré, oblong, en les entourant de paille pendant l'hiver, et de joncs humides, dans l'été.

Pendant les grandes chaleurs, si le voyage se prolonge deux ou trois jours et si la quantité de sangsues le permet, il est prudent de s'arrêter en route pour les laver, les rafraîchir, et séparer avec soin les mortes des vivantes.

Lorsque l'on sort les sangsues du marais pour les emballer, ou même, lorsqu'on les rafraîchit dans le cours d'un voyage par terre, il est nécessaire, à cause

de l'humeur excrétée par la peau , de les laver plusieurs fois , de les enfermer dans des sacs très-propres
et que l'on suspend pendant plusieurs heures , pour
faire égoutter l'eau. On doit encore les changer de
sacs , au moment de les réemballer, afin de les débarrasser autant que possible de cette humeur qui les entoure.

Tous ces moyens sont bien connus de tous ceux qui
font le commerce des sangsues ; si nous leur avons
consacré un chapitre spécial , c'est que , d'une part ,
les éleveurs ne devaient pas les ignorer, et de l'autre,
que nous avons à présenter à une autre classe d'industriels , un moyen nouveau qui nous parait offrir les
meilleures conditions , pour faire parcourir à ces annélides , et sans aucun danger , les distances les plus
considérables.

C'est aux capitaines de navires que nous voulons
nous adresser, et c'est du transport des sangsues dans
les colonies que nous allons les entretenir.

La cherté des sangsues dans toutes les colonies ,
donne la mesure des obstacles qu'on éprouve pour les
conserver en route.

Un objet de commerce quelconque , très-commun à
son point de départ , qui , rendu à son lieu de destination, acquiert quelquefois une valeur dix fois plus
grande, doit nécessairement , présenter des difficultés
à peu près générales , et courir des dangers sérieux
pour sa conservation.

C'est ce qui arrive, en effet, pour les sangsues ; et c'est ce qui ne devrait pas être, si l'on se donnait la peine d'étudier un moment les mœurs et les besoins de ces annélides.

En signalant les dangers auxquels sont sujettes les sangsues venues de l'étranger, dans des conditions anormales et dans une saison où le repos le plus absolu leur est nécessaire, nous n'avons été que véridique. Nous aimons à penser que les capitaines de navire nous croiront, lorsque nous leur montrerons ces dangers aggravés pour celles de ces annélides qu'ils emportent dans les mêmes conditions, puisque peu de temps après les fatigues qu'elles ont eu à subir en venant de l'Orient, on les expose à de nouvelles fatigues, beaucoup plus longues et, partant, plus sérieuses.

Nous croyons donc rendre service à nos marins, en leur indiquant un moyen aussi simple que naturel, pour emporter dans les colonies les plus éloignées, des quantités considérables de sangsues, sans avoir à redouter la mortalité, si commune jusqu'à présent, qui frappe l'un des articles les plus importants des opérations commerciales qu'ils ont l'habitude de faire pour leur compte.

Nous les engageons à étudier les mœurs et les habitudes des sangsues, et ils apprécieront le procédé que nous allons leur indiquer, s'ils prennent la peine de parcourir ce qui précède.

Ce moyen consiste à avoir, à bord de leurs navires, un petit marais artificiel, réunissant les meilleures conditions naturelles sans occasioner, toutefois, ni frais considérables, ni soins trop multipliés.

Dans notre première édition, nous avons donné la description d'un *petit Marais portatif* que nous supposions devoir réunir les conditions les plus favorables pour conserver les sangsues en parfait état de santé, et pendant les traversées les plus longues.

L'expérience qui en a été faite par l'Administration de la Marine, en prouvant les avantages de ce moyen de transport, au point de vue de l'état sanitaire des sangsues, a également démontré les vices de son organisation matérielle et les difficultés que présentent les soins qu'il nécessite.

La connaissance du rapport adressé à ce sujet à M. le Ministre de la Marine, ayant inspiré à l'auteur du *Marais-domestique*, la pensée de plusieurs modifications appelées à faire disparaître ce que nos premières idées avaient de trop difficile dans leur application, nous nous empressons d'en reconnaître la réalité, et nous renvoyons les capitaines de navires à la description et à la figure de ce nouvel appareil qu'ils trouveront au chapitre spécial que nous avons réservé à tous les perfectionnements. Nous nous permettrons seulement une observation qui mérite de leur être présentée. C'est d'ajouter au bas du baquet, un petit robinet pour changer, de temps en temps, l'eau qui doit toujours séjourner au fond de ce baquet et qui ne doit pas être perdue, puisqu'elle peut servir à rafraîchir la masse de terre tourbeuse et les plantes aquatiques sèches. Cette eau que l'on introduira par les deux ouvertures supérieures couvertes de toile métallique, se purifiera en traversant la couche de terre, quelque soit le degré de corruption où elle pourrait être arrivée.

Nous ferons remarquer, en outre, que bien que nous ne puissions parler qu'avec l'expression du doute, de ce nouveau mode de faire voyager les sangsues, attendu que nous ne connaissons pas encore les résultats d'une expérience qui est en voie d'exécution, nous pouvons affirmer que nous conservons parfaitement un certain nombre de sangsues que nous avons placées, depuis cinq mois, dans un petit marais de ce genre. Puisque ces annélides s'y plaisent, il est permis de supposer qu'il en sera de même à bord d'un navire, si le peu de soins qu'exige ce marais ne sont pas complètement négligés.

L'eau de la mer ne devra jamais pénétrer dans le marais : on s'en sert pour faire dégorger les sangsues; elle leur serait par conséquent terrible.

Si le marais reste sur le pont du navire, on devra l'envelopper d'un ou de deux prélarts, lorsque la mer pourra le couvrir de ses vagues. Il serait sans contredit plus prudent de le placer sous le pont.

Pour les capitaines qui partent d'un pays producteur, comme Bordeaux, une condition essentielle de succès, à laquelle ils doivent tenir rigoureusement, c'est de n'embarquer que des sangsues parfaitement saines, et pêchées, en quelque sorte, sous leurs yeux, en repoussant toutes les étrangères qui pourraient être déjà fort souffrantes.

Quant à ceux qui s'éloignent des ports où cette industrie est inconnue, nous les engageons à s'adresser à quelques propriétaires des marais les plus voisins ; car il y a, dans ces précautions, tout l'avenir d'une opération qui, sans exiger un capital considérable, leur procurera des bénéfices énormes.

Un petit marais, tel que celui que nous décrirons, plus loin, pourra contenir de 7 à 8 mille sangsues. Ces annélides coûteront de 200 à 250 fr. le mille, dans les meilleures conditions, et se vendront de 2 fr. à 5 fr. la pièce, et même davantage, suivant les pays et suivant les saisons.

CHAPITRE XIV.

Commerce des Sangsues.

A l'exception du département de la Gironde, où l'éducation des sangsues s'est propagée avec rapidité et dans de grandes proportions, les transactions commerciales alimentées par les annélides, ne reposent que sur les sangsues étrangères; même dans le département, ces dernières formaient un appoint considérable, il y a deux ans à peine.

En France, en Angleterre, comme dans toute l'Europe occidentale, les sangsues que fournissent les marais naturels, pêchées sans esprit de prévision, par les paysans, figurent dans une proportion presque insignifiante. Il est donc permis d'avancer, qu'à peu de chose près, la France, l'Angleterre et toutes leurs colonies ne consomment que des sangsues venues de l'Orient ou de la Hongrie.

Nous serions loin de considérer l'échange qui se fait à leur sujet, entre la France et l'étranger, comme un fâcheux état de choses, si cet article de commerce nous arrivait dans son état de pureté. Mais il n'en est pas ainsi, et la santé autant que la fortune publique, ne peuvent que souffrir de l'achat d'un agent thérapeutique si précieux, que nous pourrons retirer de notre sol, dans les meilleures conditions, et avec une économie et des résultats si variés et si importants.

Les statistiques ne sont pas d'accord sur la consommation réelle des sangsues en France. Les unes l'évaluent à 12, d'autres à 20, d'autres enfin, à 30 millions de sangsues. En raison de la mortalité considérable qui a toujours lieu parmi celles que l'on conserve hors des marais, nous croyons, tant qu'à nous, que les transactions commerciales se font sur le chiffre le plus élevé. Dans l'absence de documents authentiques à cet égard, il est, du reste, très-difficile d'établir des chiffres exacts. Le seul document qu'on puisse consulter, publié tous les ans par l'administration des Douanes, ne peut qu'en donner d'approximatifs, relativement à l'importation, attendu que la plus grande partie des sangsues venues de l'étranger se vend au poids, et que les quantités contenues dans un kilogramme, varient suivant l'âge et la grosseur artificielle des sangsues.

Malgré cela, nous avons dressé le tableau officiel des importations et des exportations qui se sont faites sur cette matière depuis 27 ans. Nous le plaçons ici, afin que les éleveurs, et surtout nos marins, aient sans cesse sous les yeux le mouvement d'affaires que ces annélides occasionnent. Nous les engageons à l'étudier avec soin, en appelant toute leur attention sur la colonne des exportations qu'il est plus facile à l'administration des Douanes de dresser avec exactitude.

COMMERCE GÉNÉRAL DES SANGSUES,

ENTRE LA FRANCE, LES COLONIES ET LES PUISSANCES ÉTRANGÈRES.

IMPORTATION.

PRINCIPAUX PAYS DE PROVENANCE (1).

Turquie et Hongrie.
Suisse.
États Sardes.
Grèce.
États barbaresques.
Algérie.
Espagne et autres pays.

EXPORTATION.

PRINCIPAUX PAYS DE DESTINATION.

Angleterre, Deux-Siciles, Espagne.
Martinique, Guadeloupe, Cayenne.
États-Unis.
Brésil et Mexique.
Cuba et Porto-Rico.
Rio de la Plata et Haïti.
Pérou et Chili, et autres pays.

ANNÉES.	NOMBRE de SANGSUES.	VALEUR en FRANCE.	ANNÉES.	NOMBRE de SANGSUES.	VALEUR en FRANCE.
Moyenne décennale de 1827 à 1836..	34,050,682	1,021,320	Moyenne décennale de 1827 à 1836..	888,985	26,609
Id. id. de 1837 à 1846..	18,858,041	556,141	Id. id. de 1837 à 1846..	3,145,748	94,375
Année 1847.	11,790,840	353,710	Année 1847.	1,587,000	46,750
— 1848	9,905,398	792,270	— 1848	1,207,000	96,565
— 1849	11,112,000	1,666,800	— 1849	1,358,000	203,700
— 1850	11,766,000	1,764,902	— 1850	1,802,000	270,500
— 1851	7,389,000	1,477,800	— 1851	1,674,000	554,800
— 1852	12,413,000	2,490,600	— 1852	1,962,000	470,880
— 1853	11,448,000	2,060,640	— 1853	2,345,000	458,100

(1) A l'exception de la Turquie et de la Hongrie, les autres pays producteurs sont depuis longtemps épuisés.

Il y a, dans cette question de l'exportation des sangsues, tout un avenir de prospérité pour cette industrie
et pour notre marine ; et nous espérons que la marche
ascendante qu'elle a suivie, depuis quelques années,
sera pour nos éleveurs un avertissement et un encouragement qui ne seront pas perdus. Un article
d'exportation qui en 1836 ne dépassait pas la somme
minime de 26,609 fr., et qui, 17 ans après, en 1853,
a atteint le chiffre de 458,100 fr., mérite qu'on s'en
occupe, surtout, si l'on se persuade que ce chiffre
peut être décuplé dans quelques années, lorsque des
moyens plus parfaits de transport et la qualité supérieure des sangsues, permettront à nos capitaines
d'emporter, sans danger, ces précieuses annélides
dans les colonies les plus éloignées. Les efforts de tous
doivent tendre vers ce but.

Dans le chapitre précédent, nous avons consacré
quelques lignes à la description d'un petit marais portatif qu'il sera si facile d'établir à bord de chaque
navire.

D'autres éleveurs continueront à perfectionner les
moyens que nous avons indiqués, et nous le désirons
bien sincèrement ; car, nous ne saurions trop le répéter, cette question est capitale et promet de devenir,
tôt ou tard, par son heureuse solution, une source
abondante de richesses pour notre agriculture *aquatique*.

Les pays d'outre-mer qui consomment si peu de
ces annélides, à cause de leur prix trop élevé, ouvri-

ront, alors, un nouveau débouché à nos éleveurs. La consommation des colonies égalera celle de la France, si même, elle ne la dépasse pas. Ceci est d'une rigoureuse exactitude.

Un médecin français établi sur les rives du Mississipi, à 30 ou 40 milles de la Nouvelle-Orléans, nous disait, dernièrement, qu'il lui était impossible d'employer les sangsues dans le pays riche et peuplé où il exerce la médecine, à cause de la rareté et du prix exorbitant de ces annélides. Il ajoutait que la consommation en serait énorme parmi les nègres des plantations de coton, si on pouvait faire remonter le fleuve aux envois de sangsues, dans des conditions meilleures et à des prix considérablement réduits. Il nous engagerait à porter tous nos soins de ce côté ; et nous engageons à notre tour, tous les éleveurs de nos marais, à ne rien négliger pour atteindre un but si désirable.

Ce que nous leur disons pour la Nouvelle-Orléans, nous pourrions le répéter pour le Mexique, le Brésil, le Chili et les possessions françaises, il n'est pas jusqu'à l'Angleterre qui ne puisse avec ses immenses colonies, offrir des débouchés considérables à nos marais avant que les tentatives qui ont été faites pour établir en Irlande cette industrie, lui permette de se suffire à elle-même.

Nous tromperions-nous dans nos prévisions ? l'imagination nous entraînerait-elle hors des voies de la probabilité ? Nous ne le pensons pas. Mais, supposons-le ; admettons que toutes nos espérances doivent se borner à remplacer, par nos produits, l'importation étrangère, de manière à suffire à notre consommation; c'est toujours un chiffre de 30 millions de sangsues qui, au prix moyen de 200 à 250 fr. le mille, représentent une valeur de 6 millions pour l'agriculture, et une valeur égale pour le commerce du détail. Ce chiffre, par son importance, mérite selon nous, que les agriculteurs de la France s'en occupent et donnent tous leurs soins à cette lucrative industrie, surtout quand ils sauront qu'ils peuvent le faire sans danger et sans grandes dépenses.

Les autres départements de la France voudront imiter celui de la Gironde, qui retire déjà, avec sa production de plusieurs millions de sangsues, un revenu si considérable, de lieux naguère abandonnés ou d'un misérable rapport consistant en quelques herbes pour la litière des bestiaux.

Le commerce divise les sangsues en cinq catégories En voici la nomenclature :

1.º Les filets.

2.º Les petites moyennes.

3.º Les grosses moyennes.

4.º Les grosses.

5.º Les vaches.

Les filets et les petites moyennes sont peu employés en médecine. A cet âge, le sang qu'elles retirent est trop peu considérable pour qu'on puisse s'en servir.

Les filets se vendent toujours au poids, et leur prix

varie suivant les saisons et leur abondance sur le marché.

Les petites moyennes se vendent au mille ; leur prix s'établit de la même manière qu'à l'égard des précédentes.

La grosseur la plus convenable pour une succion complète, est celle des grosses moyennes et des grosses [1]. L'annélide est alors dans toute sa force, si on l'applique à sa sortie du marais et après un long jeûne, elle ne fera jamais défaut au praticien, qui pourra calculer, avec précision, la quantité de sang qu'il voudra tirer à un malade.

A cet âge, la blessure que font les sangsues est vive, profonde, et la quantité de sang qu'elles absorbent, toujours la même : c'est l'instrument dans toute sa force et dans toute sa valeur.

Ces sangsues se vendent toujours au mille.

Les vaches sont les sangsues énormes qu'on laisse dans le marais pour le peupler. Elles se vendent également au mille.

On réunit, très-souvent, ces cinq catégories par portions à peu près égales, et on les vend, ainsi mélangées, au poids ou au mille. On les désigne, alors, sous le nom de *sangsues en race*.

La majeure partie de celles qui arrivent à Marseille sont ainsi mélangées. L'autre partie n'est entièrement

[1] D'après M. Moquin-Tandon, les grosses moyennes pompent un peu plus de sang que les grosses. — Voy. *Monogr*, page 268.

composée que de grosses sangsues. Les premières se vendent au poids et les secondes au mille.

Le prix des sangsues est très-variable, et il n'est guère possible de l'indiquer dans un manuel d'éducation, qui n'a d'autre mission à remplir que celle de propager une industrie nouvelle [1]. La question du prix des sangsues destinées à peupler un marais est, du reste, très-secondaire. Les cours sont fixés, à peu près tous les mois, dans les pays de production ou d'importation; de sorte que les éleveurs pourront toujours le connaître sans crainte d'être trompés [2].

Ce que nous leur dirons, en toute occasion et en terminant l'exposé de notre système d'éducation, c'est qu'ils doivent peupler leurs marais avec des sangsues dont ils seront sûrs; les puiser, avant tout, aux meilleures sources, soit dans les pays de production où on les élève, soit aux lieux de leur arrivée; et de se méfier de toutes celles qui ont longtemps séjourné chez les marchands.

Nous les engageons à méditer notre livre, et à ne négliger aucun de ses détails, quelque insignifiants qu'ils puissent paraître. La pratique et la réflexion leur feront reconnaître, plus tard, l'utilité de nos conseils; et les minutieuses recommandations que nous avons cru devoir faire, porteront leur fruit, si elles ne sont pas négligées.

[1] Voyez, sur le prix des sangsues dans les divers pays et en France aux diverses époques, Moq.-Tandon., *Monogr.*, page 255.

[2] Ce qu'il importe de savoir, c'est que les sangsues se vendaient en France, à Paris, 12 fr. le mille, en 1806, et que, aujourd'hui, elles valent jusqu'à 250 et même 300 francs.

CHAPITRE XV.

***

Brevets d'invention. — Perfectionnements.

Deux années ne se sont pas encore écoulées, depuis que l'honorable rapporteur du Conseil d'hygiène et de salubrité de la Gironde disait, dans son rapport du 12 Novembre 1852, « Que l'industrie des sangsues tombée dans des mains peu habiles, n'avait fait que d'imperceptibles progrès », et nous voyons les améliorations se produire, le progrès commencer sa marche ascendante et désormais continue.

Que les éleveurs de la Gironde nous permettent de le leur dire : la sévérité de ces paroles, la rigueur déployée par ce Conseil dans ses derniers rapports à l'administration supérieure, auront plus contribué à faire progresser leur industrie, que n'aurait pu le faire un plus long silence sur les nombreux abus qu'elle a fait naître.

Hirudoculteur.

Aussi, avons-nous des perfectionnements remarquables à signaler. Nous leur consacrons d'autant plus volontiers ce chapitre, que nous savons que les hommes pratiques qui les ont produits, et qui, sans se connaître et à une grande distance l'un de l'autre, ont marché vers le même but, viennent de se rencontrer, de réunir leurs découvertes, et qu'ils ont la louable intention de les rendre communes à tous les éleveurs, ainsi qu'à tous les détenteurs de sangsues.

Pour continuer notre rôle de simple pionnier de l'industrie des sangsues, nous nous bornerons à analyser très-succinctement les travaux de MM. Heyrim père, de Bordeaux, et J. Meeus, de Paris, en appelant, tout d'abord, l'attention des éleveurs sur les *Ilots couverts*, les *Digues préservées* que le premier vient de faire bréveter.

ILOTS COUVERTS, DIGUES PRÉSERVÉES.

« Les sangsues, comme tous les animaux de la créa-
» tion, ont leurs ennemis. Heureux sont ceux dont
» l'homme a besoin! car il met alors son intelligence
» au service de leur défense [1] ». Ces paroles si vraies

[1] Rapport sur le *Guide-pratique des Eleveurs de sangsues*, par M. Costes, professeur de pathologie externe, médecin de l'Hôpital Saint-André de Bordeaux.

semblent avoir inspiré la pensée de M. Heyrim lorsqu'il s'est occupé avec tant de succès des moyens à
employer pour préserver ses sangsues de l'atteinte *des
Rats d'eau et des Taupes.*

Nous nous avouons coupable d'une imprévoyance
trop grande, d'un dédain qui ne s'est pas justifié, à
l'égard de ces terribles ennemis des sangsues. C'est,
qu'ayant passé toutes les années de nos études dans
des localités isolées où ces animaux étaient peu nombreux, nous ne pouvions prévoir, lorsque nous écri-
vions notre *Guide-pratique*, toute l'étendue des dégâts
qu'ils devaient occasionner, dans les vastes établissements des bords du fleuve.

Des visites souvent répétées dans ces marais, nous
ont fait revenir de notre erreur; nous avons entendu
les plaintes des éleveurs; nous avons vu des masses de
cocons extraits par ces animaux de l'intérieur des digues, et perdus par le contact de l'air ou par leur immersion dans l'eau; et, nous le disons avec effroi, ces
dégâts sont considérables. Ils ne peuvent aller qu'en
augmentant, en raison de la fécondité de ces animaux,
surexcitée, comme elle l'est, par la nourriture abondante que leur procurent en toute saison les cocons et
les sangsues.

Les rats d'eau, surtout, sont les plus à redouter;
ils exercent leurs rapines partout dans le marais; et,
tandis que les taupes n'habitent et ne fouillent que les
digues, eux voyagent d'un marais à l'autre, à travers

les fossés, les barrières et les pièges qu'on leur tend. Ils sont d'une finesse et d'une voracité extrêmes. Cette voracité est telle, qu'ils se dévorent entre eux pendant l'hiver, lorsqu'ils ont épuisé les provisions qu'ils ont le soin d'amasser pendant l'été et l'automne. Malheureusement pour les éleveurs, cette destruction mutuelle ne peut plus avoir lieu dans leurs marais, devenus pour ces carnassiers, de véritables greniers d'abondance. Si nous ajoutons que, tandis que dans les champs, les rats transportent dans les magasins qu'ils créent à côté de leurs terriers, des glands et des faînes, et que dans leurs marais ils y amassent maintenant des cocons, on pourra juger des dégâts qu'ils peuvent y faire.

Nous nous sommes bien souvent demandé, si l'on ne devait pas attribuer aux dévastations incessantes de ces animaux, la cause du petit nombre de sangsues qui arrivent à leur entière croissance, si on le compare à la prodigieuse quantité de *germements* qui couvrent tous les ans nos eaux à l'époque du printemps. Cette différence est si grande, elle est si réelle, qu'elle doit avoir une cause cachée, et nous engageons tous les éleveurs à s'en occuper très-sérieusement. Que chacun d'eux compare ses espérances du printemps avec les produits réalisés de son marais, et il aura l'explication de tant d'illusions, basées sur la prodigieuse fécondité des sangsues, que nous voyons journellement s'évanouir; car, que d'éleveurs qui se croient toujours trop riches en reproduction, qui pêchent à grand peine quelques milliers de grosses sangsues !

Nous estimons que de dix *germements* qui naissent, c'est à peine s'il en proviendra une grosse sangsue; et, sans nul doute, notre calcul ne paraîtra pas exagéré à tous les éleveurs de bonne foi.

M. Heyrim, en attribuant à une destruction occulte et incessante cette énorme différence, doit être dans le vrai; d'autant plus, que cette destruction est dans les lois de la nature dont l'admirable prévoyance a doté d'une fécondité plus grande les animaux qui sont les plus exposés : tels sont les poissons, et telles doivent être les sangsues.

Il s'est demandé si les soins que l'on prend pour conserver les œufs de poissons, pour protéger les jeunes alevins, soins qui constituent à peu près toute la science nouvelle de la Pisciculture, ne devaient pas être également appliqués à l'animal que nous avons la prétention, dans la Gironde, de bien connaître et d'élever avec succès.

Or, qu'avait-on fait jusqu'à lui comme mesure préservatrice ? rien... Les marais sont tels, à cet égard, qu'on les a trouvés ; les sangsues y sont livrées sans défense à toute la voracité des ennemis que nous leur connaissons ; et nous voyons qu'on a beau leur prodiguer du sang en quantité ; qu'on a beau nourrir des myriades de jeunes sangsues, la pêche est toujours très-inférieure à la quantité de sangsues qui naissent tous les ans.

Dans l'état actuel de nos marais, ce sang, dont les éleveurs sont si prodigues, ne serait-il pas la cause d'une destruction plus rapide, par l'appât qu'il présente aux rats et aux taupes ? Ceux-ci ne doivent-ils pas rechercher avec fureur les jeunes sangsues nouvellement gorgées, pour en nourrir leurs petits qui naissent, comme on le sait, à la fin de l'hiver ; et ne doivent-ils pas préférer cette nourriture à celle que leur offrent le ver blanc du hanneton ou tous les autres insectes qui pullulent dans la terre ?

L'*Ilot couvert*, la *Digue préservée* nous paraissent réunir les meilleures conditions pour mettre un terme aux ravages des rats et des taupes. Ce sont les seuls ennemis des sangsues que nous connaissions bien. Ils sont les plus gros et les plus avides, partant, les plus dangereux.

L'îlot couvert est une espèce de cage, de forme et de grandeur variées, fixée sur un radeau. Sa partie supérieure doit être complètement couverte. Son plancher, ainsi que tous les côtés inférieurs qui touchent l'eau, doivent être garnis d'un grillage en fer ou en bois, ou seulement d'un simple lattis, présentant des ouvertures assez larges pour permettre aux sangsues de s'y réfugier, assez étroites, pour empêcher les rats d'y pénétrer. Il est flotteur, si une crue subite envahit le marais, afin de préserver les cocons de l'atteinte de l'eau qui leur est si nuisible.

L'inventeur le garnit de plantes aquatiques sèches, de préférence à la terre, au foin ou à toute autre matière. Il y a dans ce seul fait toute une étude des mœurs, des besoins et des instincts des sangsues.

Dans notre première édition, nous avons signalé l'attrait que présentent aux sangsues pour y faire leur ponte, ces amas d'herbes aquatiques ; et nous les avions indiqués comme le moyen le plus commode pour transporter les cocons d'un bassin dans un autre. Nous savons que plusieurs éleveurs ont reconnu l'exactitude de ce fait ; mais aucun, peut-être, ne s'est rendu compte de cette préférence des sangsues. M. Heyrim, qui a fait une étude particulière de l'influence de la chaleur sur la reproduction, explique que les sangsues recherchent ces amas d'herbes sèches, à cause de la chaleur humide et permanente qu'entretient dans leur intérieur, la fermentation qui s'opère dans la partie qui touche l'eau. Cette chaleur aide le développement et l'éclosion des cocons. Nous croyons de plus, avec lui, qu'elle facilitera la pêche, qu'elle la permettra même dans l'hiver.

La *Digue préservée* est conçue dans le même esprit de conservation ; mais comme elle sert de passage aux chevaux et aux hommes, elle doit permettre le service du marais sans aucun inconvénient : c'est ainsi qu'elle est mise à l'abri des excursions de toutes les espèces de rats et des taupes, par un simple plancher établi sur le sommet de la digue, et à 15 ou 20 centimètres de la ligne que doivent atteindre les plus hautes eaux. Ce plancher recouvert de terre est formé de deux rangs de rondins en bois de pin superposés les uns aux autres. De la partie de ces rondins qui dépassent la digue, descend jusqu'au fond du marais, le même grillage en fer ou en bois qui couvre les îlots de telle sorte, que ni les rats ni les taupes ne peuvent plus pénétrer dans son intérieur.

Pour les réservoirs destinés à renfermer tous les produits d'une année, cette armure des digues nous paraît indispensable. Un exemple récent en fera reconnaître encore plus l'utilité.

Un éleveur qui, pour une cause étrangère, devait abandonner son marais, pêchait depuis longtemps toutes ses sangsues. Lorsqu'il crut l'avoir à peu près épuisé, il fit abattre ses digues, et son étonnement fut grand de les trouver remplies de sangsues. Celles-ci n'avaient pas encore fini leur digestion et avaient résisté à tous ses appels. — Quels dégâts devaient faire là dedans, les rats et les taupes !!..

Mais à côté de l'amélioration matérielle que présente cette invention, les éleveurs doivent l'étudier au point de vue d'un intérêt général bien autrement sérieux, puisqu'elle est appelée à rendre de très-grands services à la grande majorité d'entr'eux qui, comme son auteur, dessèchent actuellement leurs marais.

Nous avons dit plus haut combien était sérieuse la lutte qui s'est engagée entre le Conseil d'hygiène et de salubrité de la Gironde d'une part, et les éleveurs soumis au dessèchement annuel, de l'autre. Cette lutte soumise au jugement de l'administration supérieure de Paris, ne peut être terminée que par le triomphe du Conseil d'hygiène, quant à la question des eaux principalement.

Or, M. Heyrim dessèche son marais tous les ans, puisqu'il est un des premiers éleveurs. Lorsqu'il a vu l'immense développement que prenait autour de lui ce système primitif, il a dû se dire qu'il y aurait folie à vouloir se roidir plus longtemps contre la Préfecture toujours si bienveillante, contre le Conseil d'hygiène, les ingénieurs, les médecins. Il a dû comprendre l'impossibilité de vouloir faire admettre par ces administrateurs, ces hommes de science et de pratique dévoués à la chose publique, que le dessèchement subit dans les grandes chaleurs, de 5 à 6,000 hectares de marais piétinés, foulés, réduits en boue noirâtre [1] par une masse de chevaux, puisse jamais être une bonne chose pour les environs d'une grande ville ; et, en homme prévoyant, il s'est mis sérieusement à l'œuvre pour tourner la difficulté, devancer même l'autorité, et, être préparé, lorsque le niveau constant des eaux sera imposé, comme il paraît devoir l'être.

Nous croyons qu'il y a complètement réussi ; et nous engageons tous les hommes sérieux qui ont employé des capitaux considérables dans cette industrie, à étudier, sous tous leurs aspects, le but et la portée de cette ingénieuse invention.

[1] M. De Bellegarde, ingénieur hydraulique. (*Considérations sur le dessèchement des terrains marécageux*).

L'HIRUDOCULTEUR.

APPAREIL POUR LA PURIFICATION DES SANGSUES.

Sous le nom d'*Hirudoculteur*, M. Heyrim a également inventé un appareil destiné à hâter la purification des sangsues. Voici la description qu'il en donne dans la demande de son brevet.

BUT DE L'HIRUDOCULTEUR.

« Ainsi que l'indique son nom, l'appareil *Hirudoculteur* a pour but la purification, la conservation et la multiplication des annélides formant la branche spéciale des *Hirudinées*, du mot latin *hirudo*.

» Nous désignons par hirudinées ce groupe d'animaux plus particulièrement propres à la succion du sang des mammifères, qu'on appelle *Sangsues chirurgicales*.

» On veut arriver, par l'emploi de l'Hirudoculteur, à l'obtention certaine, prompte et économique des sangsues purifiées par le jeûne et pouvant être immédiatement appliquées sur la peau dans les conditions hygiéniques reconnues nécessaires par la science.

» On veut, en un mot, ne livrer au commerce que des sangsues saines, belles, vigoureuses, ardentes à la succion, et répondant en tous points aux prescriptions de la médecine.

PRINCIPES.

« Une étude approfondie et de tous les instants, pendant plusieurs années, a fait connaître à l'inventeur de l'Hirudoculteur que, s'il est presque impossible, dans les circonstances actuelles, de livrer aux malades des sangsues maigres, actives, fortes, c'est-à-dire, telles qu'il les faudrait pour amener la piqûre immédiate si nécessaire dans certains cas, c'est que, aucun moyen efficace n'étant mis en usage pour produire une digestion rapide, les sangsues sont, presque toujours, en partie *gorgées* quand on les emploie.

» Si donc, connaissant bien les défauts et les inconvénients de la situation actuelle ; si l'expérience et l'étude des hirudinées ont fait reconnaître que les eaux de certaine qualité ainsi que la terre dans lesquelles vivent les sangsues selon les saisons, maintenues au moyen d'appareils spéciaux, à un degré constant de température, sont éminemment propres à amener, dans un temps très-court, la purification des sangsues, l'Hirudoculteur aura sa raison d'être et il sera basé sur un principe solide ».

Avant de nous occuper de l'ensemble et des détails des procédés que l'inventeur met en œuvre pour obtenir la purification plus rapide des sangsues, quelques considérations générales nous paraissent nécessaires pour bien faire apprécier le grave intérêt que soulève cette question. Nous ne craignons pas d'avancer que, de sa solution, dépend tout l'avenir de cette industrie. Au nombre des abus qu'elle a fait naître, le plus compromettant, selon nous, pour la prospérité future

des éleveurs, provient des gorgements trop rapprochés qu'ils imposent à leurs sangsues. Nous l'avons
depuis longtemps signalé à leur attention, et, le premier, nous avons démontré l'utilité de plusieurs bassins de purification où ces annélides devaient être soumises à un très-long jeûne. Un très-petit nombre
d'entre eux nous a suivi dans cette voie qui exigeait
quelques soins et quelques dépenses.

Il est incontestable que ces gorgements rapprochés
font grossir les sangsues avec une rapidité extrême;
seulement, cet effet ne peut se produire qu'au détri-
ment de leur vigueur. Il s'en suit, que tant que les
sangsues de la Gironde sont dans leurs marais, elles
paraissent vigoureuses et bien portantes; mais que
sitôt qu'on les en sort, pour les placer dans un vase
rempli d'une autre eau, elles perdent subitement leurs
forces; à ce point, que c'est à peine si elles peuvent
résister plus d'un mois à cet état de captivité, sans
être frappées d'une mortalité ou d'une incapacité tout
aussi complète que celle que nous reprochons aux
sangsues étrangères.

Ce grave défaut de nos sangsues n'a pas présenté
jusqu'à présent d'inconvénients sérieux, en ce sens,
que la presque totalité de celles qu'a produites le département, a été employée à peupler les innombrables
établissements que l'on fonde de tous les côtés. Mais
le moment approche où, en raison de la grande production qui doit en résulter, on devra s'occuper d'ouvrir des débouchés plus assurés et plus réguliers à
cette nouvelle branche de nos produits.

Nous pouvons, il est vrai, compter sur tous les marchés de la France et sur ceux de nos colonies, si nos sangsues sont vigoureuses. Mais, nous devons nous attendre à un discrédit général, si les commerçants de la France et de l'étranger s'aperçoivent, à leurs dépens, qu'elles ne répondent pas à leur attente.

Il y a donc nécessité absolue à réformer notre commerce, à améliorer notre production.

Cette nécessité doit être résolument abordée par tous, parce qu'un danger connu est à peu près écarté; et nous avons, aujourd'hui, des hommes d'une trop haute intelligence dans cette industrie, pour ne pas le comprendre et pour ne pas chercher à faire disparaître l'écueil qui pourrait les briser. Produire beaucoup et vite, a été jusqu'à présent, la loi suprême des premiers éleveurs; ils ont eu raison, puisqu'ils ont trouvé dans la fureur du moment l'écoulement, plus que facile, de toutes leurs sangsues. Produire beaucoup plus et beaucoup mieux, doit être le lot des derniers. Et, puisque une digestion incomplète est une des principales causes du rapide affaiblissement des facultés absorbantes des sangsues, les purifier par le jeûne ou par des moyens hygiéniques plus hâtifs, voilà, ce nous semble, quelle doit être actuellement la plus sérieuse préoccupation de tous.

Nous dirons plus : le moment nous paraît propice pour la fondation de quelques établissements spécialement destinés à la purification des sangsues; car il nous paraît peu probable que le Gouvernement, qui fait étudier cette question, laisse circuler, sans un contrôle plus sérieux, un agent thérapeutique d'une si grande utilité. Il serait sans exemple en outre, qu'une industrie née, pour ainsi dire d'hier et par le fait du hasard, ne reçût aucune amélioration de l'intelligence et de l'expérience des hommes. L'étude, qui nous occupe, prouve une fois de plus qu'il ne saurait en être ainsi.

Comme grand propriétaire de marais à sangsues, comme fondateur d'une maison de commerce fort importante, M. Heyrim a reconnu la nécessité d'opérer une réforme absolue dans la production, comme dans la vente de ces annélides. Son *Hirudoculteur* démontre qu'il s'en est sérieusement occupé.

Cet appareil consiste dans une caisse en bois (ou toute autre capacité) de grandeur variée, remplie de terre tourbeuse et de plantes aquatiques vivantes , fermée par un châssis vitré , et, dans laquelle passe un tuyau de chaleur humide. Voilà pour la forme de l'appareil : quant aux principes que l'inventeur met en œuvre pour hâter la purification des sangsues , ils sont aussi simples que naturels, car ils ne consistent que dans une chaleur permanente et tempérée, dans la terre des marais et dans des eaux particulières.

Par une chaleur permanente et tempérée dans son appareil, l'inventeur fait disparaître le temps d'arrêt qu'occasionne à la digestion des sangsues, l'hiver souvent rigoureux de nos climats. Il n'est pas un éleveur, en effet, qui n'ait pu faire cette remarque, que les sangsues nourries en automne, sortent aux premières chaleurs du printemps excessivement grasses de la terre, et qu'elles sont comparativement beaucoup plus maigres ; lorsque après les gorgements du printemps les chaleurs de l'été sont intenses et prolongées, et que leur influence s'exerce plus longtemps sur la zône humide du marais. Le froid suspendant, par conséquent, les fonctions digestives des sangsues, M. Heyrim a le soin de les en préserver, en faisant passer dans son appareil un tuyau de chaleur humide.

Cette vérité, bien constatée de l'influence bienfaisante de la chaleur sur l'économie animale des sangsues, fait ressortir encore plus la barbarie de cette habitude généralement admise, de conserver ces annélides dans l'eau, de renouveler cette eau tous les jours, et de les placer, pendant l'été, dans les lieux les plus frais ou les plus humides.

L'inventeur reconnaît, au contraire, avec tous les observateurs nouveaux, qu'il ne peut y avoir d'habitation convenable pour les sangsues que la terre et les plantes des marais ; et, puisque leur digestion ne peut se faire que dans ce milieu, c'est là que doit s'opérer leur jeûne ; aussi, a-t-il le soin d'en garnir son appareil.

Il a reconnu, en outre, que l'eau joue un très-grand rôle dans l'hygiène des sangsues. Frappé des avantages incontestables que présentent celles si épaisses de la Garonne pour la reproduction, M. Heyrim a également reconnu qu'elles étaient impropres à la purification, à moins d'exposer les sangsues à un jeûne trop

MARAIS-DOMESTIQUE

Coupe.

MARAIS-PORTATIF.

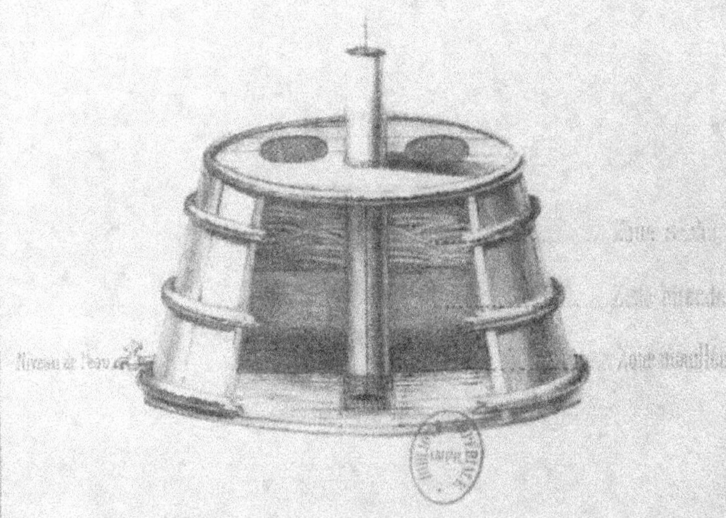

prolongé et, par cela seul, trop dangereux dans ces marais, vu l'humeur voyageuse de l'animal, lorsqu'il cherche sa nourriture. Il a dû alors rechercher quel était le degré le plus convenable d'alcalinité ou d'acidité naturelle de l'eau, pour faire maigrir ces annélides sans leur occasionner de fatigues et dans un court espace de temps; et, comme dans cette eau les sangsues ne peuvent longtemps se plaire, il a le soin de les renfermer dans une caisse-marais d'où aucune d'elles ne peut s'échapper.

Comme on le voit, une chaleur permanente, la terre et les plantes du marais, une eau faisant chez les sangsues l'office que remplissent chez l'homme les eaux thermales de divers degrés, tels sont les principes sur lesquels repose l'invention que nous soumettons au jugement et aux méditations des éleveurs, et qui, rigoureusement appliquée, doit largement contribuer au développement de leur industrie.

MARAIS-DOMESTIQUE

POUR LA CONSERVATION DES SANGSUES.

Dans ce compte-rendu que nous faisons au public des divers perfectionnements qui viennent d'être apportés à l'industrie des sangsues, la priorité aurait été acquise à ceux qui nous restent à traiter, si nous n'avions consulté que leur date. Nous avons pensé qu'il valait mieux procéder avec plus de méthode et, qu'avant de nous occuper de la conservation et du transport de ces annélides, nous devions auparavant terminer ce qui avait trait à l'élève et à la purification.

Ce n'est plus aux éleveurs seulement que s'adressent les lignes qui vont suivre, mais au public tout entier, aux hospices, aux marchands, aux pharmaciens, ainsi qu'à toutes les agglomérations isolées, telles que collèges, couvents ou manufactures, puisqu'il s'agit de la conservation des sangsues.

En reportant sa pensée sur les immenses travaux qu'a dû faire l'homme pour réduire à l'état de domesticité tous les animaux qui l'entourent et qui le servent ; en se représentant toutes les études qu'il a dû s'imposer pour bien connaître l'organisation, les instincts, les besoins de toutes ces races si diverses, on se demande comment il a pu se faire que la sangsue médicinale, qui sert à ses besoins les plus intimes et les plus précieux, ait pu être l'objet d'une erreur si prolongée au point de vue de sa conservation.

Nous pensons qu'on ne doit attribuer l'erreur dont elle a été la victime, qu'aux difficultés qu'ont dû éprouver les premiers observateurs, pour suivre attentivement dans les marais et étudier par conséquent avec fruit, les différentes phases de la vie de cette annélide. De ce fait ensuite, que cette fraction de la famille des hirudinées était toujours rencontrée dans l'eau stagnante des marais, on a dû primitivement conclure que

les sangsues étaient aussi aquatiques que terrestres, et
l'eau a été adoptée comme principal agent de conservation.

L'eau, cependant, tue les sangsues, en usant graduellement la somme de vitalité dont elles sont douées :
tout aurait dû le démontrer depuis longtemps. La mortalité qui les frappe dans les vases, l'empressement de
l'animal à en sortir, sa suspension hors de l'eau,
contre les parois de sa prison, s'il est forcé d'y rester,
son incapacité lorsqu'il retombe inerte au fond de
l'eau, alors que les mâchoires, dont est armée sa ventouse orale, ne peuvent plus le supporter. La sangsue,
que nous voyons dans nos marais, si vive et si avide,
est ici languissante, engourdie et presque dégoûtante.
Elle perd le brillant coloris de sa robe, son agilité ;
elle souffre, en un mot, languit et meurt : cela n'est
que trop certain.—C'est que dans le milieu où elle vit
et où elle prospère, l'eau ne lui sert que pour saisir
sa proie, que pour entretenir la terre tourbeuse des
marais dans les divers degrés d'humidité qui lui sont
nécessaires pour sa ponte ou sa digestion.

Quelle différence ensuite dans la qualité de l'eau?—
Dans le marais où la sangsue passe sa vie, l'eau est
épaisse et chargée de toutes les décompositions anima-
les et végétales qui y sont en suspension ; aussi, combien ne doit-elle pas souffrir, lorsqu'on la plonge et
qu'on la lave tous les jours dans une eau plus froide,
et plus crue…; la vivacité passagère, que l'on remarque alors chez elle, n'est pas de la force ni du bien-

être, c'est une douleur! et il faut que l'animal soit doué d'une dose de vitalité bien grande, pour y résister si longtemps.

Si de l'eau nous passons aux sacs, à l'argile humide, nous remarquons la même inintelligence des besoins de l'animal. Qu'on ne s'imagine pas que ces deux prisons d'un autre genre, servent seulement à faire voyager les sangsues. Les sacs sont alternativement employés avec l'eau pour les conserver. Les marchands les plus intelligents, s'en servent pour faire reposer leurs sangsues, lorsqu'ils s'aperçoivent que l'eau les fatigue trop; ils en mettent cinq à six cents, dans un sac, le suspendent pendant un jour, et le lendemain, ils rejettent dans l'eau leurs sangsues.

La souffrance qu'éprouvent les sangsues dans le sac, est d'un autre genre. Elle se manifeste par l'humeur visqueuse qu'elles secrètent en plus grande quantité, suivant que cet état de captivité se prolonge. Alors, elles entrent pour ainsi dire en fureur, se piquent entre elles, et puisent dans leur sécrétion, le germe de toutes leurs maladies. C'est un changement de torture, rien de plus.

Pour bien faire apprécier l'influence de cette sécrétion, sur la santé des sangsues, nous ferons remarquer qu'il est plus facile de conserver longtemps une ou deux sangsues dans un vase plein d'eau, que d'en conserver plusieurs centaines ensemble. Dans le premier cas, la sécrétion est à peu près nulle; dans le second, elle est considérable par suite du frottement des sangsues entre elles. Si ce frottement est déjà très-nuisible dans l'eau, on peut juger de ce qu'il doit être dans les sacs.

Quant à l'argile, elle est également nuisible par le fait seul de son imperméabilité.

Comme on le voit par ce qui précède, si la science nous a donné d'admirables travaux sur l'anatomie des sangsues, sur leur organisation, nous devons reconnaître que les moyens de conservation employés jusqu'à nos jours, étaient radicalement vicieux ; et, qu'à l'inverse des autres animaux, cette annélide n'a trouvé, jusqu'à présent dans la domesticité, qu'un long supplice et pas une demeure appropriée à ses besoins. M. Meeus, de Paris, en créant le marais-domestique, aura donc rendu un très-grand service à la Société, en repoussant dans le passé tout ce qu'il nous avait légué, et en y substituant partout des habitations mieux entendues, établies suivant les lois naturelles qui régissent les sangsues, où ces annélides se plaisent, se purifient, et où leur captivité ne présentera plus aucun danger, ce marais-domestique n'étant, sur une petite échelle, que la reproduction exacte et rigoureuse de nos grands marais producteurs.

Nous voyons, en effet, qu'il est formé dans une caisse, avec tous les éléments qui concourent au bien-être des sangsues, l'eau, la terre tourbeuse et les plantes aquatiques vivantes, dans ces trois conditions essentielles d'une zône toujours sous l'eau, d'une zône toujours humide , et d'une zône toujours sèche.

C'est, en un mot, notre système des eaux continues et à niveau constant, appliqué à la conservation des sangsues, n'occasionnant ni dépense, ni soins importants, et transporté dans l'intérieur de nos maisons.

Ce petit marais, de forme et de grandeur variées suivant la quantité de sangsues qu'on voudra y conserver, mettra un terme à la mortalité causée chez ces annélides, outre les diverses causes que nous venons d'énumérer , par le besoin de la ponte qu'elles pourront y satisfaire , et par celui du changement de leur épiderme qui pourra toujours avoir lieu. Il facilitera leur digestion toujours incomplète à leur sortie des marais; en prolongeant leur jeûne, il excitera leur avidité , et, par cela seul, fera disparaître les incertitudes qui accompagnent la plupart des émissions sanguines qu'on demande à leur ministère.

M. Meeus recommande expressément que ce marais soit exposé au soleil en tout temps , mais surtout dans l'été, afin que les rayons de cet astre puissent vivifier les plantes aquatiques et communiquer, à la zône humide , la chaleur nécessaire à la sangsue pour sa ponte et pour sa digestion. Il faut que ce marais satisfasse à tous les besoins de l'animal ; et , comme celui-ci est extrêmement sensible aux variations atmosphériques ; comme il redoute, par dessus tout, le vent et le froid , la caisse-marais devra être placée, pendant l'hiver , dans une pièce chauffée et parfaitement aérée, afin qu'il puisse fournir, à toute heure, des sangsues dans la plénitude de leur force et de leur santé.

L'inventeur fait observer, avec raison, qu'il est très-important que l'eau, qu'on devra toujours y maintenir à peu près au même niveau, soit de l'eau de rivière ou de l'eau pluviale ; mais jamais de l'eau de puits, ni de source à sa sortie de la terre.

Voilà, selon nous, la réforme la plus complète et la plus utile qui se soit produite au point de vue de l'intérêt général. Elle ne peut manquer d'intéresser les savants praticiens chargés de surveiller la vente des sangsues et de réprimer la fraude. Cette fraude, qui exerce depuis si longtemps leur patience et leur dévouement, ne serait plus possible, n'importe à quel degré, si le marais-domestique était imposé à tous les marchands de sangsues.

La raison en est simple : c'est que toutes les sangsues, que l'on confiera à ce marais, si elles sont fatiguées, soit par un voyage, soit par un gorgement récent, artificiel ou naturel, ou par tout autre cause, ne reparaîtront sur l'eau, lorsqu'on l'agitera pour les appeler, que lorsque leurs forces seront rétablies.

Pour les administrations des hospices, deux marais seront utiles. Dans l'un, on devra placer les sangsues qu'on destinera au service et qu'on devra sortir d'un marais producteur le mieux organisé pour la purification ; dans l'autre, on jettera toutes les sangsues immédiatement après leur succion, afin de leur faire traverser sans danger, l'état de prostration qui suit toujours l'excès de nourriture qu'elles prennent sur un malade. On les extraira ensuite de ce marais, au fur et à mesure qu'elles paraîtront sur l'eau, pour les renvoyer dans nos grands marais où leur purification sera plus complète.

MARAIS-PORTATIF.

Nous avons le regret de ne pouvoir aborder, qu'avec le doute, la description du dernier perfectionnement qui nous reste à analyser, et que M. Meeus a fait breveter sous le nom de *Marais-portatif*.

Dans l'incertitude où nous sommes sur les résultats qui attendent les expériences toujours fort longues que nous savons être en voie d'exécution, nous nous serions abstenu d'en parler, si nous ne nous étions fait une loi de soumettre au jugement des éleveurs et des capitaines de navires, toutes les améliorations qui, sur cette grave matière, les intéressent à un si haut degré et qui sont parvenues jusqu'à nous.

Nous sommes d'ailleurs persuadé, que la publicité donnée à ces tentatives, qu'elles soient couronnées du succès ou qu'elles échouent, ne peut tourner qu'à l'avantage général de l'industrie, en ce qu'elles occupent utilement les esprits, en aiguillonnant toutes les intelligences.

Nous en trouvons la preuve dans le fait seul qui nous occupe, et qui ne se serait pas produit, s'il n'avait puisé son origine dans l'importance que nous avons donnée, dans notre première édition, au premier succès bien constaté qui viendra changer le mode de transport, par mer, des sangsues.

Nous savons, en effet, que c'est sur la connaissance de quelques imperfections, que présente le marais-portatif, dont nos lecteurs trouveront la description dans le chapitre de ce livre qui traite de la question du transport des sangsues, que M. Meeus a basé son système. Pour bien faire apprécier les changements que cet inventeur vient d'y introduire, nous devons dire quelques mots des imperfections du nôtre.

Le marais-portatif, que nous avons décrit, est également la reproduction exacte, sur une petite échelle, des marais de la Gironde, lorsque dans l'été, ils sont à l'état de dessèchement ; c'est rigoureusement l'opposé du marais-domestique qui représente le marais à niveau constant. On a vu que, pour conserver à notre marais de transport toutes les conditions des terrains desséchés à leur surface, mais présentant dans l'intérieur, l'humidité nécessaire aux sangsues, nous avions eu le soin de percer la planche inférieure de la caisse-marais d'une infinité de petits trous, et de placer cette caisse dans une autre beaucoup plus basse et toujours pleine d'eau, faisant l'office d'un bain-marie. L'eau de ce bain devait prendre son niveau dans la caisse-marais, et l'humidité devait être ainsi permanente au fond de la caisse contenant les sangsues.

Une application de notre système ayant été faite par l'administration de la marine à bord du *Caméléon*, navire mixte, allant aux Iles Saint-Pierre et Miquelon, c'est sur le rapport de la Commission chargée par M. le Ministre de la Marine de surveiller cet essai, que nous avons compris les imperfections et les difficultés d'exécution de notre système: notre devoir nous oblige de les signaler.

Par le mouvement du navire, et par la pression, la terre tourbeuse tasse et ferme les trous qui doivent introduire l'eau. Cette eau ensuite, est d'un entretien difficile dans le bain à cause du roulis ; elle exige, de plus, beaucoup de soins et beaucoup de dépenses, le marais devant être arrosé fréquemment. De sorte que notre procédé devenait d'une exécution coûteuse, peu applicable à bord de nos navires du commerce où le temps et l'espace manquent également. Tels sont les inconvénients que M. Meeus s'est attaché à faire disparaître, lorsqu'il a su que les sangsues confiées à notre marais, étaient arrivées à leur destination dans un état de vigueur et de santé telles, que la Commission, à l'unanimité, enfreignant les instructions qu'elle avait reçues, a décidé qu'on conserverait le marais tel qu'il était avec toutes ses sangsues, au lieu de le détruire ainsi qu'elle en avait reçu l'ordre. Pour nous, cette conclusion a satisfait toute notre ambition.... ; l'éveil étant donné, et la santé des sangsues étant parfaite dans notre marais, notre but a été atteint.

Voici comment M. Meeus remédie aux inconvénients de notre système.

Son marais est un baquet rond, de 70 centimètres de hauteur sur une largeur inégale, suivant la quantité de sangsues qu'on doit y transporter. La moitié, à peu près, de ce baquet est remplie par de la terre tourbeuse des marais, et le restant, avec des plantes aquatiques sèches.

Pour maintenir la terre dans un état d'humidité permanente, le baquet est traversé par un tube percé, dans le fond, d'un certain nombre de trous recouverts d'une toile métallique; l'eau est maintenue dans le fond de ce tube, et on doit avoir le soin de la renouveler lorsque la terre l'a absorbée. Un petit pavillon, fixé sur un morceau de liège, indique la hauteur de l'eau.

Au moment du départ, on doit jeter les sangsues sur cette terre mouillée, et on doit les recouvrir avec les plantes aquatiques sèches. Celles de ces herbes qui sont en contact avec la terre, sont immédiatement pourries par l'humidité; la fermentation s'y manifeste jusqu'à une certaine hauteur, et c'est dans cette partie pourrie que, selon l'inventeur, les sangsues se tiendront principalement, pendant la traversée.

Comme on le voit, M. Meeus, ainsi que M. Heyrim, ont été frappés du rôle immense que doivent jouer les herbes aquatiques pourries, dans l'économie animale des sangsues. Ces messieurs paraissent avoir bien étudié et bien observé les instincts de l'animal; l'un et l'autre, et par des routes opposées, sont arrivés à cette conclusion, qu'il était plus sage d'obéir à ces instincts, plutôt que de vouloir les changer aussi arbitrairement qu'on l'a fait jusqu'à présent, pour l'élève, la conservation, et le transport des sangsues.

Nous ne pouvons que nous féliciter d'être le narrateur des utiles travaux de ces industriels et répéter, en terminant, l'exposé de cette seconde phase de nos études, ce que nous avons dit en commençant ce chapitre, *que le progrès a commencé sa marche ascendante et qu'elle sera désormais continue.*

CHAPITRE XVI.

Question agricole. — Résumé.

Dans les chapitres qui précèdent, nous nous sommes efforcé d'indiquer, avec autant de clarté que nous avons pu le faire, les règles à suivre et les précautions à prendre pour organiser et diriger sans tâtonnements et sans inquiétudes, des marais à sangsues, aussi productifs pour les industriels et les propriétaires, qu'utiles à la population de la France.

Abordant la question sous un autre ordre d'idées, nous dirons quelques mots des importantes ramifications qui rattachent cette éducation à l'intérêt agricole.

Dans la remarquable brochure que M. le docteur Ch. Levieux a publiée dernièrement, et qu'il a intitulée *Études hygiéniques sur l'élève des Sangsues*, l'honorable et dévoué secrétaire du Conseil d'hygiène de la Gironde, nous accuse d'être sous l'*influence d'une illusion profonde*, lorsque, dans notre première édition, nous avons représenté l'éducation des sangsues comme une *industrie agricole*. Selon lui, il serait plus vrai de l'appeler une industrie *anti-agricole*. Malgré l'autorité de ce jugement, nous ne pensons pas, cependant, qu'il soit sans appel ; et, persistant dans notre première manière de voir, nous croyons, plus que jamais, que cette industrie renferme les plus grands éléments de prospérité agricole, si elle est un jour maintenue, ainsi que nous l'avons déjà dit, dans de sages et judicieuses limites.

Nous comprenons qu'au point de vue où la nature de ses fonctions a placé M. le docteur Levieux, cette éducation ait pu lui paraître anti-agricole, puisqu'il la voit, depuis cinq ans, envahir, à grands pas, des immensités de terrains les plus admirablement disposés pour l'agriculture. Mais nous qui, tout en partageant complètement sa façon de penser au sujet des dangers et de l'inutilité de ces vastes exploitations, aurions voulu faire de cette industrie, une source de revenus et de travail pour les propriétaires des terrains marécageux, improductifs et isolés ; n'avons-nous pas eu raison d'appeler cette éducation une nouvelle industrie agricole, digne de fixer la bienveillante attention du Gouvernement, lorsque nous voyons tant de landes incultes dans toute la France, tant de terrains insalubres, qu'on aurait pu assainir et fertiliser en y consacrant exclusivement l'industrie de l'élève des sangsues.

Il nous est plus agréable de reconnaître qu'à nos deux points de vue, nous étions, l'un et l'autre dans la vérité. Nous ajouterons, seulement, que par cela seul qu'une institution utile a été faussée dans son principe et à son début, ce n'est pas une raison pour qu'elle doive être repoussée, ou que les bienfaits qu'elle peut répandre puissent être niés et amoindris... Ne doit-on pas, au contraire, de l'excès même des abus qu'elle a pu occasionner, faire naître un ordre de choses plus perfectionné, plus conforme, surtout, aux intérêts généraux de la société. Nous l'avons pensé ainsi, et, fort de notre conviction, nous continuerons à signaler à nos lecteurs les différents points par lesquels l'élève des sangsues se rattache à l'agriculture.

Mais avant, qu'ils nous permettent d'appeler leur attention sur l'immense intérêt qu'il y a pour la France et pour l'Angleterre, à ce que cette industrie se propage avec rapidité, et dans les conditions d'une production journalière. Ils comprendront cet intérêt, s'ils réfléchissent aux éventualités d'une guerre maritime ou continentale. Ces deux grands États auraient pu se trouver exposés à manquer de sangsues ; et certainement ces annélides se vendraient au poids de l'or, puisque aujourd'hui que l'importation en est si considérable, on les voit atteindre, dans certains mois et dans la plus grande partie de la France, le prix, trop élevé pour les pauvres, de cinquante centimes la pièce. Un tel état de choses ne saurait être maintenu, attendu qu'on peut le faire cesser avec autant de facilité que de certitude.

Pour les possesseurs de terrains marécageux, notre livre doit être une révélation d'autant plus intéressante, qu'elle assure des revenus positifs à des propriétés qui n'ont été pour eux, jusqu'à présent, qu'une cause d'insalubrité et d'inquiétude.

Il est bon, sous bien des rapports, que l'agriculture s'empare de toutes les industries qui peuvent, comme celle qui nous occupe, être exercées loin des grands centres de population, afin d'attirer à elle les hommes de progrès et d'activité.

L'éducation des vers à soie est, pour plusieurs départements de la France, un exemple remarquable de ce que l'industrie réunie à l'agriculture, peuvent ajouter de bien-être aux populations rurales.

Celle des sangsues, quoique plus modeste dans ses développements et sa production, sera cependant tout aussi utile, et mérite que le Gouvernement s'en occupe. Elle présente autant d'intérêt, nous le répétons, dans son ensemble que dans ses détails.

Dans les communes du département de la Gironde où cette industrie est pratiquée depuis plusieurs années, on remarque, en effet, une amélioration bien sensible dans la fortune de tous leurs habitants. Le salaire des ouvriers des deux sexes a presque doublé, et ils sont constamment occupés, les uns à la garde des bassins et des chevaux, les autres à la pêche ou aux travaux d'assainissement et d'entretien qui sont incessants dans ce genre d'exploitation. Ces travaux sont surtout considérables, si l'on adopte notre sys-

tème des eaux continues, ainsi qu'on peut s'en convaincre en étudiant les planches I et II qui représentent la
vallée du domaine de Belfort, avant et après l'introduction de cette industrie. Quelques mois ont suffi pour
faire de cette solitude dangereuse un établissement
industriel aussi salubre que productif, si les bassins
sont maintenus à niveau constant, et si l'industrie
y est exercée avec soin et persévérance.

L'élève des sangsues, en nécessitant l'emploi d'un
grand nombre de chevaux impropres à tout autre service, donne lieu à une production d'engrais tellement
considérable, que, par cela seul, cette industrie devrait être considérée comme l'une des innovations les
plus importantes et les plus utiles qui aient surgi en
faveur de l'agriculture.

Pour donner une idée exacte de ce que peut être
cette production d'engrais, nous dirons aux agriculteurs de tous les pays, que les exploitations de
sangsues du département de la Gironde nécessitent,
la plupart, en raison de leur importance, l'emploi
continuel de 50 à 60 chevaux ; d'autres en emploient
80, d'autres 100, quelques-unes enfin, jusqu'à 150 et
même 200.

Ces chevaux qui, différemment, auraient été en-
voyés pour la plupart, à l'équarrissage (qui ne les
perdra pas pour cela) ont quadruplé de prix ; ils peuvent vivre encore longtemps s'ils sont traités avec intelligence et humanité.

Ils doivent être parfaitement nourris ; alors ne subissant d'autres fatigues que la perte de leur sang, dont les éleveurs doivent graduer la dépense avec la plus sévère économie, leur vieillesse s'écoule paisiblement et sans douleur; car, dans l'eau, la piqûre des sangsues est, pour eux, moins douloureuse que celle des grosses mouches qui les harcelaient tout l'été, lorsqu'ils étaient au travail. On les épuise lentement sans doute; mais cette pensée, loin d'occasionner un sentiment de répulsion, pourrait être plutôt considéré comme une œuvre de charité exercée envers de pauvres vieux animaux, qui, après nous avoir donné leurs forces et leur jeunesse, sont destinés, dans leur vieillesse, à succomber sous les mauvais traitements qu'on leur fait subir, et sous le poids des fatigues qu'ils ne peuvent plus supporter.

Si, à ce sujet, des excès bien regrettables ont été commis, dans les premiers temps, par la généralité des éleveurs, nous reconnaissons avec satisfaction que de grandes améliorations ont été introduites dans cette partie si importante de l'éducation des sangsues. Les chevaux sont mieux soignés; ensuite, leur prix allant sans cesse en s'élevant, les éleveurs les moins intelligents finiront par comprendre l'intérêt qu'ils ont tous à la conservation des sources où leur industrie puise sa force et sa durée.

Nous nous féliciterons toujours, quant à nous, d'avoir été le premier à mettre en pratique et à recommander, de parquer tous les soirs les chevaux employés dans les marais à sangsues; et de ne les laisser dans les bassins, que le temps strictement nécessaire pour nourrir un certain nombre de sangsues.

L'industrie du sol trouvera donc dans cette éducation, deux résultats secondaires qu'apprécieront les agriculteurs sérieux : cette immense production d'engrais d'abord, ensuite la valeur considérable que cette industrie donne aux terrains marécageux improductifs jusque-là, foyers continuels de fièvres pernicieuses, souvent mortelles, que leur voisinage perpétue parmi les populations rurales.

Tous les Gouvernements se sont préoccupés du dessèchement et de l'assainissement des marais. L'éducation des sangsues depuis longtemps réglementée, aurait plus fait pour résoudre cette question, que toutes les tentatives faites jusqu'à ce jour. L'industrie privée y trouvant des bénéfices assurés, aurait fait d'elle-même ce qu'un homme d'État n'oserait entreprendre.

Les sangsues, pour prospérer, doivent être élevées dans les terrains marécageux les plus tourbeux, et où, par conséquent, l'eau séjourne et croupit depuis des siècles. Par le système de dessèchement annuel, ces localités deviennent, tous les étés, une cause d'infection pour les populations voisines. Mais qu'on applique le nôtre et tout change aussitôt, par suite des travaux de terrassement que l'établissement des lieux nécessite, et qui ont pour résultat immédiat de transformer ces marais ou ces solitudes improductives, en vastes bassins rendus salubres par la masse d'eau qu'ils retiennent et qui s'y renouvelle sans cesse pendant les

grandes chaleurs de l'été. Ces modifications sont faciles, attendu que tous ces bas-fonds sont alimentés par
quelques sources, ou par un courant d'eau qui leur
est supérieur. Cette eau, devant être encaissée en
amont et en aval des bassins, dans des fossés latéraux,
prendra un écoulement régulier, et portera plus loin
la santé et la fécondité.

Un revenu nouveau de plusieurs millions, ne demandant qu'une mise de fonds très-restreinte, est
déjà une prime assez belle offerte à l'agriculture,
pour que celle-ci ne la repousse pas, lorsqu'elle
saura que l'étude de cette éducation est arrivée à son
terme, que les écoles sont terminées, ses résultats
un fait accompli; et que les éleveurs n'auront plus
qu'à marcher sur une route parfaitement tracée.

Industriel par goût et par profession, si nous nous
sommes attaché, avec tant d'attrait et de persévérance,
à l'étude d'une industrie qui peut paraître si infime,
de prime-abord, c'est que nous avons compris quel
faisceau d'intérêts de premier ordre, elle groupait, au
contraire, autour d'elle.

L'assainissement des marais, leur valeur décuplée,
l'emploi des vieux chevaux, la production d'engrais,
un impôt onéreux, quelquefois nuisible, remplacé par
des produits indigènes bien supérieurs; tous ces avantages ajoutés à un revenu considérable assuré à l'agriculture, sont des résultats trop importants, pour qu'ils
ne frappent pas l'esprit de nos hommes d'état, de nos

sociétés scientifiques, de nos économistes, de tous ceux, en un mot, qui se préoccupent de la prospérité nationale.

Nous abandonnons aux méditations des hommes éminents qui dirigent et ordonnent les travaux publics, de ceux qui ont en main les intérêts de l'agriculture, l'étude de cette question si palpitante d'intérêt et d'actualité, bien persuadé que nous sommes, qu'ils sauront la résoudre, au mieux des intérêts généraux qu'elle embrasse.

Ils ont en main un puissant levier avec lequel ils pourront produire beaucoup de bien, en généralisant, par leurs conseils et une sage initiative, une industrie nouvelle et fort utile, qui, après avoir enrichi ceux qui l'ont créée, doit prendre son niveau et fertiliser les contrées les plus pauvres de la France.

Tous les auteurs qui ont écrit avant nous sur les sangsues, justement effrayés de la disette de ces annélides qui résulterait de la première guerre maritime; révoltés de l'abus qui en a été fait, dans tous nos marais, par des pêches inintelligentes et dévastatrices, ont émis, comme nous, le vœu que le Gouvernement s'occupât de cette matière. Plusieurs mémoires ont été publiés à cet effet, et adressés à l'Académie de médecine de Paris.

Les uns ont demandé que tous les marais de la France fussent repeuplés aux frais du Gouvernement; d'autres, que la pêche de ces annélides fût réglementée, et les marais soumis à la surveillance des gardes-

champêtres ; d'autres encore, que cette pêche fût dé-
fendue à l'époque de l'accouplement et de la ponte. La
Commission nommée par l'Académie de médecine de
Paris, sur l'invitation de M. le Ministre du Commerce
est allée plus loin ; elle a demandé, dans son rapport,
dont nous avons donné plus haut les conclusions, que
la pêche des sangsues fût interdite pendant six ans.

Tous ces projets, qui témoignaient, de la part de
leurs auteurs, la plus louable sollicitude et une parfaite connaissance des dangers de la situation, étaient
impraticables ou très-difficiles à réaliser lorsqu'ils ont
été mis au jour ; aujourd'hui, ils sont devenus complètement inutiles : l'industrie privée a résolu le problème d'une manière victorieuse.

Un seul département, disons mieux, quelques communes produisent déjà la dixième partie de la consommation de la France. Il n'est donc plus permis de ré-
clamer du Gouvernement, d'autre faveur que d'encourager et de propager cette industrie. Les simples
encouragements qui émaneront de lui, porteront leurs
fruits, d'autant plus vite que la France est très-riche
en terrains où l'exploitation de cette industrie est
facile.

Sans parler du département de la Gironde, où l'éducation des sangsues grandit d'elle-même, nous avons
encore la Bretagne, la Vendée, la Sologne, le Berry,
l'Hérault, qui possèdent des marais naturels, plus ou
moins peuplés de ces précieuses annélides. Bien organisés et bien dirigés, ils deviendront une mine féconde

pour leurs possesseurs. Le département de l'Allier, comme tous ceux du centre, où cette industrie commence à pénétrer, sont dans les mêmes conditions. Nous n'admettons même pas qu'il puisse y avoir un seul département, en France, où cette industrie ne puisse s'établir, d'une façon ou d'une autre, de manière à satisfaire à sa consommation particulière.

Nous formons des vœux, bien sincères, en terminant ce dernier chapitre, pour que notre faible voix soit entendue; pour que nos travaux et nos études n'aient pas été inutiles à la propagation d'une industrie nouvelle, qui portera toujours avec elle la récompense de tous les soins qu'on devra lui donner.

Messieurs,

M. le Préfet de la Gironde, dans sa constante sollicitude pour les intérêts généraux de notre département, a bien voulu me faire communiquer le dernier rapport que vous lui avez adressé, sur son invitation, au sujet de l'industrie de l'élève des sangsues, cette cause incessante de vos préoccupations et de vos inquiétudes depuis cinq ans.

Je vous dois compte, Messieurs, des motifs qui m'ont engagé à livrer au public, avant l'époque habituelle de la publication de vos utiles travaux, cet important document qui explique et complète tous ceux qui l'ont précédé sur cette grave matière, et qui émanent tous de votre honorable et infatigable rapporteur.

J'ai cru utile, dans la réimpression d'un ouvrage qui n'a, vous le savez, d'autre prétention que celle de faire disparaître les dangers que présente cette nouvelle industrie; d'y joindre, pour fortifier l'isolement primitif de mon opinion, le jugement des hommes les plus compétents pour élucider cette importante question de salubrité publique.

Il m'a semblé, en outre, qu'il m'appartenait, plus qu'à tout autre, de revendiquer le droit de faire connaître ces documents à la généralité des éleveurs qui ne les connaissent qu'imparfaitement, ainsi qu'au public qui a entendu les plaintes et les récriminations de ces industriels; afin de mettre en relief la faute énorme, irréparable que les premiers éleveurs ont commise, en ne pas se ralliant à vous, dès le principe de vos sages avis, et lorsque vous avez demandé à l'autorité la réglementation et le classement de leur industrie.

Par la lecture attentive de votre premier rapport, les hommes impartiaux, qu'ils soient ou non intéressés dans la question, verront, en effet, avec quelle bienveillante prévoyance vous avez voulu protéger cette industrie naissante, contre les dangers où on allait l'exposer, par une réglementation paternelle, qui, tout en consacrant les droits acquis par les premiers éleveurs, aurait limité le droit des nouveaux, en leur imposant les seules conditions rationnelles qui pouvaient assurer, à tout jamais, la paisible exploitation de cette heureuse découverte.

Votre immense désir de concilier les bienfaits d'une industrie qui venait enrichir votre pays, avec les intérêts bien autrement sérieux de la salubrité générale dont vous êtes les gardiens vigilants et dévoués, se manifeste clairement à la lecture de votre second rapport : celui par lequel vous approuvez complètement, pour l'élève des sangsues, le système des eaux continues et à niveau constant que je venais de publier dans un but d'utilité générale que vous avez si bien apprécié.

Vous avez cru devoir produire d'urgence votre troisième rapport, lorsque vous avez vu que le Ministère ne prenait aucune initiative ; et que cette industrie, grandissant sans cesse dans les fâcheuses conditions que vous vouliez faire disparaître, menaçait de compromettre la santé publique, autant que les immenses capitaux qu'on y engageait, sans réflexions, de tous côtés.

Le pays et les éleveurs désabusés vous tiendront compte, un jour, des courageux efforts que vous avez fait pour éclairer à cet égard l'opinion publique.

Votre quatrième rapport est le résumé de la nouvelle enquête à laquelle vous vous êtes livrés par ordre du Ministre de l'Agriculture et des Travaux publics. Il renferme vos réponses aux diverses demandes qui vous ont été adressées à ce sujet, par le Conseil supérieur d'hygiène de France. Il se distingue des autres, par une sévérité motivée par le nombre toujours croissant des éleveurs.

Ce rapport, Messieurs, ainsi que la brochure que votre honorable Secrétaire a publiée à la même époque, pour en faire connaître plutôt l'esprit et les conclusions, a été le premier avertissement sérieux qui soit venu sortir les éleveurs de leur sécurité et de leur apathie. L'effet de la brochure de M. le docteur Levieux fut immense !...... Menacés d'une ruine totale, si la suppression des chevaux que vous réclamiez était adoptée par l'autorité, les éleveurs comprirent que le moment était venu pour eux d'examiner très-sérieusement, si leur manière d'opérer était exempte de tous reproches ; et, dès ce moment, tous s'empressèrent d'améliorer leurs moyens d'exploitation, et de faire disparaître, autant qu'ils le purent, les causes d'insalubrité que vous leur reprochiez à bon droit.

Enfin, Messieurs, votre cinquième rapport couronne tous vos travaux et met à jour toute votre pensée ; puisque, après la sévérité calculée des conclusions du précédent, vous reconnaissez, dans celui-ci, que l'emploi des mammifères pour l'alimentation des sangsues peut être toléré, lorsqu'il est pratiqué avec sagesse et modération, et dans des conditions générales d'exploitation qui ne laissent rien à désirer au point de vue de la salubrité publique.

Voilà, Messieurs, ce que j'ai tenu à consigner d'une manière pour ainsi dire officielle, dans une publication destinée à arrêter ailleurs, les fautes et les abus qui se sont commis dans la Gironde ; en prévenant tous ceux qui voudront se livrer désormais à cette industrie, qu'ils devront attendre les résultats de la Commission du Conseil supérieur d'hygiène de Paris, venue sur les lieux, cet été, pour approfondir cette question, et préparer les matériaux qui vont servir à réglementer cette industrie.

Dans un moment où le choléra plane sur l'Europe entière...; lorsque du Nord au Midi de la France, nous voyons ce terrible fléau s'abattre sur les points les plus opposés de notre territoire ; on ne saurait être trop prudent avant d'engager des capitaux dans une industrie de cette nature qui,

telle qu'elle est généralement pratiquée autour de nous,
pourrait devenir l'objet de la réprobation publique, si cette
cruelle épidémie venait décimer nos tranquilles populations.

Le moment approche, du reste, où tous les éleveurs,
les premiers comme les derniers, qui n'ont su, ni se joindre à vous pour arrêter le développement de leur industrie,
ni reconnaître la sagesse de vos nombreux avertissements,
s'apercevront trop tard de leurs fautes, par cette accumu-
lation de circonstances fâcheuses où ils vont se trouver, et
au devant desquelles ils ont couru si aveuglément.

C'est par la question hydraulique que commencera en
effet pour eux, une suite de tribulations se reproduisant
trop souvent, pour ne pas user leur patience et anéantir
leurs espérances ; car, en admettant que l'autorité supérieure
ne prenne maintenant aucune décision à leur égard, le régime des eaux auquel ils sont forcés d'obéir, joint au dessèchement annuel qu'ils ont adopté, sera pour eux une
cause toujours croissante de déceptions et d'inquiétudes.
Les uns voudront de l'eau pour commencer leur pêche,
lorsque les autres demanderont une sécheresse absolue pour
laisser faire la ponte de leurs sangsues et éclore leurs cocons. L'anarchie pénétrera indubitablement ainsi dans tous
les marais syndiqués ; et, lorsque les intérêts de tous ces
éleveurs qui se sont enchevêtrés si imprudemment les uns
aux autres dans ces marais, viendront à s'entrechoquer,
l'autorité des directeurs des syndicats sera méconnue. Ceux-
ci se verront, comme le prêtre de Jupiter, dans l'impossibilité de donner de l'eau aux uns et de la sécheresse aux
autres ; alors, dans ce conflit d'intérêts d'autant plus facile
à prévoir que le nombre des éleveurs s'est plus accru,
nous verrons probablement des délits se commettre.... Les

écluses seront ouvertes par la ruse ou par la violence.....
Des procès surgiront de tous les côtés..... Jusqu'à ce que
l'autorité, fatiguée des plaintes perpétuelles qui lui seront
adressées, soit forcée d'adopter quelque mesure rigoureuse également fatale à tous.

Ce résultat définitif ne pouvait-il être prévu ?.... et les
éleveurs qui en souffrirent, pourront-ils en chercher la
cause ailleurs que dans leur imprévoyance ?.... C'est pour
répondre d'avance à ces deux questions, que j'ai cru nécessaire de réunir tous les documents qui résument vos études et vos pénibles travaux, dans ce Manuel dont je publie
une deuxième édition, afin d'empêcher le renouvellement
de tant d'imprudences.

Puissiez-vous, Messieurs, réserver à cette nouvelle
publication, l'accueil bienveillant que vous avez fait à la première, et, avec l'expression de ma profonde reconnaissance,

Veuillez agréer l'hommage de la respectueuse considération, de votre très-humble et très-obéissant serviteur,

Louis VAYSON.

Bordeaux, ce 15 Juillet 1854.

RAPPORTS

SUR LES

ÉTABLISSEMENTS DESTINÉS A LA MULTIPLICATION ET A L'ÉLÈVE DES SANGSUES,

EXTRAITS DES TRAVAUX DU CONSEIL D'HYGIÈNE PUBLIQUE ET DE SALUBRITÉ DU DÉPARTEMENT DE LA GIRONDE.

PREMIER RAPPORT.

(Du 19 Juillet 1850).

M. CLÉMENCEAU, Rapporteur.

MESSIEURS,

Depuis quelques années, la rareté et la cherté des sangsues, dont il est fait un si grand usage, ont attiré l'attention. On a remarqué que les traitements dans lesquels elles sont employées par la médecine, donnaient lieu à des dépenses trop élevées pour la classe pauvre et qu'ils affectaient notablement les budgets des hospices et autres établissements de bienfaisance. Des Sociétés savantes, entr'autres la Société nationale d'encouragements, ont institué des prix pour provoquer l'étude du problème de la multiplication des *sangsues captives*.

Pendant que les hommes de la science se livraient à cette étude, l'industrie privée, excitée par l'appât du gain, s'est aussi mise à la recherche des moyens qui pouvaient lui faire trouver des profits dans une prompte et large reproduction de ces annélides.

Beaucoup d'essais, opérés sur le terrain où cet insecte a été introduit pour la première fois, sont restés infructueux et n'ont laissé à leurs auteurs que des regrets.

Il n'en a pas été de même dans les localités où il s'était déjà montré : dans les marais de la Gironde, par exemple.

Un modeste cultivateur, le sieur Béchade, de la commune de Blanquefort, qui certainement n'avait pas connaissance des promesses de récompenses de la Société d'encouragement, a fait, à cet égard, dans notre département, une sorte de révolution, entraînant avec lui d'autant plus d'adeptes, qu'en peu d'années, la commune renommée lui a attribué des profits considérables, prouvés, en partie, par l'acquisition de vastes propriétés d'un grand prix. De nombreux imitateurs, en effet, ont aussi cherché les filets de ce nouveau Pactole, en se hâtant de former des établissements, pour la multiplication des sangsues, sur une grande échelle.

Informés que ces établissements devenaient nombreux, et craignant que le développement de cette industrie ne ramenât les marais parfaitement desséchés, à l'état d'insalubrité funeste où ils étaient précédemment, vous crûtes devoir signaler cet objet à la vigilance de M. le Préfet, qui, partageant votre sollicitude, vous invita à visiter les lieux et à lui faire un rapport.

Une Commission fut, par vous, nommée et composée de MM. Fauré, Guichenet, Malaure, Petit-Lafitte et Clémenceau. M. le Vice-Président et M. le Secrétaire du Conseil ont pris part à ses travaux.

Cette Commission m'a chargé, Messieurs, de vous faire connaître le résultat de ses opérations et de vous soumettre ses propositions.

Au mois de Septembre dernier, époque où la pêche des sangsues est généralement en activité, la Commission s'est transportée, d'abord, dans la commune de Parempuyre, où elle a visité, en présence du Maire, les propriétés de MM. de Pichon, Jeantet du Jonca, Delbos (Sylvestre), Meymat, Roudeau et Eyrim et le communal appelé *Le Volant*.

Ces diverses propriétés ont été desséchées dans le dix-septième siècle. Il paraît que les premiers travaux avaient eu un succès à peu près complet ; mais, soit qu'ils eussent été négligés, soit que des eaux plus abondantes eussent été dirigées dans les canaux traversant ces fonds, par suite de défrichements exécutés dans les landes, ils étaient presque revenus à leur état primitif, lorsqu'après la première révolution, les divers intéressés entreprirent de nouveaux travaux qui amenèrent d'importantes améliorations. Sur plusieurs points, on eut recours à des colmatages au moyen des eaux de la Garonne que conduisaient de larges canaux. Toute imparfaite qu'ait été cette dernière opération, elle a cependant modifié la nature de ces terrains autrefois exclusivement tourbeux, et offrant maintenant, dans quelques parties, un mélange de cet ancien sol et du limon de la rivière. On y voit ou des pâturages abondants ou du jonc qui donne une litière très-recherchée par les communes voisines, privées de paille pour la confection des engrais d'étable.

Ces terrains, en hiver, sont quelquefois envahis par les eaux des landes ; en été, ils conservent une grande fraîcheur.

De tout temps, on y a remarqué des sangsues en assez grande quantité, auxquelles cependant les propriétaires n'attachaient aucune importance ; ils laissaient les habitants les pêcher sans exiger d'eux aucune rétribution.

La première de ces propriétés, celle de M. de Pichon, est d'une vaste étendue ; il en a été distrait environ 50 hectares affectés à la reproduction des sangsues, tout en continuant d'y entretenir des bestiaux au pacage ou d'y récolter du jonc. C'est là que l'industrie a réellement pris naissance dans la Gironde sous la direction du cultivateur dont nous avons parlé plus haut.

Lorsque cette affectation fut donnée à ces terrains, le propriétaire avait commencé à y introduire l'eau de la Garonne, et l'on aperçoit un changement satisfaisant dans la nature du sol.

C'est dans la saison où les exhalaisons qui s'échapperaient de ces fonds pourraient compromettre la santé publique, que l'on y introduit les eaux de rivière ; elles remplissent les fossés et couvrent de quelques centimètres presque toute la surface du sol. Des voies suffisantes et tenues en bon état, les ramènent à la rivière, à volonté ; en sorte qu'elles n'y peuvent rester stagnantes, si l'on apporte des soins à les renouveler. Il est bon, néanmoins, de faire observer qu'elles ne s'élèvent pas toujours assez dans le fleuve pour arriver, par ces canaux, jusqu'à cette propriété, et qu'il faut attendre les gros maréages.

Cette propriété est donc dans de bonnes conditions pour l'industrie qui s'y développe ; et, sous le rapport de la salubrité publique, elle ne laisserait à désirer qu'autant qu'on négligerait de renouveler les eaux qu'elle reçoit de la rivière.

La seconde propriété, appartenant à M. Jeantet du Jonca, est à très-peu de distance du marais communal *Le Volant*, qu'elle limite sur une certaine étendue ; ces deux marais sont dans des conditions à peu près semblables à celles de la propriété de M. de Pichon ; elles peuvent aussi recevoir fréquemment les eaux de la Garonne et les lui renvoyer rapidement. Cette double opération peut être faite de manière à prévenir tout inconvénient pour la santé publique.

Il en est de même des propriétés de MM. Meymat et Delbos, qui placées, la première en face du chenal des *Flamands*, et la seconde le long d'un large fossé faisant suite à ce chenal, peuvent recevoir les eaux de la rivière et les lui rendre, assez souvent, pour que leur séjour dans ces lieux ne puisse faire naître aucune crainte.

La propriété de MM. Rondeau et Eyrim, appelée *Le Bois grand*, dont une étendue de 25 à 30 hectares est consacrée aux sangsues, est située entre le chenal dont il vient d'être parlé et celui dit des *Despartens*. L'un et l'autre peuvent lui fournir en abondance les eaux de la Garonne, qu'elle rend avec facilité à la première de ces deux voies d'écoulement.

Ces visites terminées dans la commune de Parempuyre, la Commission, accompagnée de MM. les Maires de Montferrand et d'Ambarès, s'est transportée dans les marais de Montferrand, indivis entre les propriétaires et les bientenants de l'ancienne juridiction du même nom, et que la Commission chargée de les administrer a voulu livrer, sur une grande étendue, à la reproduction des sangsues, qui s'y trouvent déjà très-nombreuses. Elle a traité, à cet effet, avec MM. Colombier et Eymond ; ceux-ci se sont engagés à pourvoir à toutes les dépenses en associant la communauté, pour moitié, dans les profits de la pêche.

Ces marais, desséchés en 1836, par un concessionnaire, avaient été négligés par suite des difficultés survenues entre les représentants des dessécheurs et les desséchés. Un arrêt du Conseil d'État vint mettre un terme au débat en 1825. Depuis cette époque, de nouveaux travaux ont été entrepris avec quelque succès, et l'on paraissait se préparer à en exécuter d'autres, pour compléter le dessèchement, quand est intervenu le traité passé avec MM. Colombier et Eymond.

Lorsque la Commission s'est transportée sur les lieux, on s'occupait des ouvrages qu'exigeait la destination nouvelle qu'on voulait leur donner; elle n'a pu en apprécier parfaitement l'ensemble; mais, par ce qu'elle a vu, elle a reconnu que l'entreprise pouvait être placée dans de bonnes conditions, soit sous le rapport de la production des sangsues, soit sous le rapport de la conservation du dessèchement et de salubrité publique. Elle a remarqué que les eaux de la rivière de la Dordogne s'introduisaient facilement dans ces marais et qu'il était possible de les en retirer assez promptement pour éviter la stagnation en entretenant en bon état les fossés d'écoulement.

A cet égard, des stipulations ont été énoncées dans le traité qui a passé sous les yeux de la Commission, et dont deux articles sont ainsi conçus :

« MM. J. B. Colombier et Eymond seront pareillement chargés de » prendre les mesures nécessaires pour l'irrigation et le renvoi des » eaux; mais ces mesures ne pourront, en aucun cas, être prises » sans le consentement du syndicat ».

« Ils devront aussi aviser le syndicat des dispositions qu'ils adop-» teront pour la prise et le retrait des eaux indispensables à l'élève » des sangsues, et le syndicat s'engage, d'hors et déjà, à adhérer à » ces dispositions en tant qu'elles ne seraient contraires ni aux » besoins des marais ni aux droits de la communauté ».

On remarque également dans le traité la disposition suivante : « S'il » venait à être reconnu que le bétail a à souffrir, à cause de l'abon-» dance des sangsues dans les marais, MM. Colombier et Eymond » prendraient, de concert avec le syndicat, les moyens nécessaires » pour y remédier ».

La Commission s'est enfin transportée dans la commune du Pian, sur la propriété appelée de *Sénéjac*, appartenant à M. Roques et affermée par MM. Duchêne et compagnie, qui ont creusé cinq vastes bassins dans un terrain mélangé de sable et d'une argile peu compacte, pour y élever des sangsues.

Ces bassins sont indépendants les uns des autres, et cependant quatre peuvent communiquer entre eux, au moyen de petites écluses qui, à volonté, donnent passage aux eaux. Ceux-ci sont exclusivement réservés à la reproduction et à l'élève. Le cinquième ne reçoit que les sangsues pêchées dans les quatre autres, lorsqu'on veut les faire dégorger du sang dont elles sont repues, pour les livrer à la vente après que ce dégorgement est terminé.

Ces cinq bassins sont alimentés par les eaux très-abondantes d'une source située dans la partie la plus élevée de la propriété, près de la maison d'habitation ; elles arrivent dans ces bassins par un large canal bien entretenu ; elles peuvent y être introduites et en être retirées au moyen des écluses, à volonté, et sans qu'on ait jamais à craindre d'en manquer. A leur sortie des bassins, elles se jettent dans la jalle qui passe sous le pont d'Ayguelongue et se prolonge jusqu'à la rivière, en séparant les communes de Parempuyre et de Ludon.

Cet établissement est bien conçu ; les bassins étant distincts, on peut faire passer de l'un dans l'autre, les chevaux et les bestiaux qu'on y entretient pour alimenter les sangsues, et l'on peut ainsi augmenter, réduire et même supprimer cette alimentation. Le cinquième bassin, surtout, offre un avantage qui ne se retrouve pas dans les autres localités parcourues par la Commission ; c'est de permettre d'opérer le dégorgement des sangsues sans nuire au développement de celles qui n'ayant pas atteint toute leur croissance, ont encore besoin d'alimentation animale. Il y a là, en outre, une garantie pour les acheteurs qui peuvent avoir la certitude que les sangsues vendues n'ont pas une grosseur artificielle, due à la présence du sang qu'elles ont sucé et qu'elles n'ont pas encore rendu.

Dans une nouvelle visite qu'elle a faite, le 6 du courant, des marais de Montferrand, la Commission a constaté qu'ils se trouvaient dans l'état déjà décrit ; qu'on n'avait pas continué les travaux commenées, et qu'il restait à ouvrir un grand nombre de fossés dans ces fonds, soit pour que l'eau de la Dordogne puisse en couvrir toutes les parties, soit pour faciliter son rapide écoulement.

Elle a profité de cette circonstance, pour visiter attentivement l'établissement formé près de ces terrains, dans la propriété de M. Brannens, sur une étendue d'environ 60 à 70 hectares.

C'est encore au moyen des eaux de la Dordogne que cet établissement est submergé à volonté. Il est coupé de nombreux fossés qui rendent l'opération très-facile, et permettent d'évacuer promptement les eaux.

Cette propriété, qui n'a été livrée à l'irrigation que depuis quelques années, a reçu de notables améliorations par le colmatage, et il serait regrettable que les bons effets qu'on doit s'en promettre, fussent arrêtés par les moyens que l'on pourrait employer pour ne faire usage que des eaux clarifiées, par le séjour dans les fossés entourant chaque pièce du *Barrail*.

Indépendamment des localités qui viennent d'être décrites, il paraît y en avoir beaucoup d'autres dans le département où l'on se livre à la multiplication des sangsues; mais la Commission n'a pu connaître assez exactement leur situation pour s'y transporter.

Dans l'état où sont aujourd'hui les divers établissements par elle visités, et avec les moyens qu'ont les exploitants de renouveler les eaux toutes les fois que cela est nécessaire, la salubrité publique n'a rien à redouter de cette opération. Il résulterait même des renseignements fournis par MM. les Maires, que la santé des habitants de leurs communes se serait améliorée depuis la création de ces établissements, parce que les eaux stagnantes ont disparu.

Mais, si cette industrie ne semble pas devoir faire craindre pour la salubrité, lorsque les eaux peuvent être et sont effectivement renouvelées aussi souvent que peut l'exiger la saison, et il est incontestable qu'elle arrêtera, si elle n'est réglementée, le progrès des dessèchements; elle fera ajourner des travaux qui, en complétant les opérations déjà commencées, ôteraient au sol l'humidité recherchée des sangsues : elle empêchera de profiter des eaux limoneuses de nos rivières pour le colmatage.

Un examen attentif des localités qu'elle a parcourues a convaincu votre Commission, que le terrain le plus propre à la reproduction des sangsues est celui en état de marais, composé de tourbe et d'une faible couche de terre végétale, habituellement humide; que c'est sur ce sol que vivent les insectes, les animaux servant à leur alimentation, à leur croissance; que ces conditions essentielles disparaissent lorsque la porosité, l'inconsistance du sol n'existent plus et qu'il se transforme, par le mélange du limon, en terre bâtarde forte, en palus; alors il devient ferme, compact, et paraît ne plus convenir à la sangsue.

L'exactitude de cette observation se prouve par la comparaison des lieux des deux natures qui se remarquent dans les localités visitées par la Commission. Les sangsues abondent, se multiplient facilement dans les bas-fonds tourbeux, à l'état de marais; on n'en trouve pas dans les autres terrains devenus trop fermes, alors même qu'ils ne sont séparés des premiers que par un fossé, par une digue.

De cette observation, on doit tirer la conséquence de nature à fixer l'attention de l'Administration, que les exploitants d'établissements de sangsues, livrés à eux-mêmes, maintiendront les marais à peu près dans l'état où ils se trouvent actuellement, sans vouloir profiter des précieux avantages du colmatage, afin de ne pas apporter dans le sol, des changements qui leur seraient évidemment nuisibles sous le rapport de leur industrie. Il est d'autant plus présumable que l'on cherchera à atténuer les effets du colmatage, que déjà, dans quelques établissements, on laisse séjourner les eaux dans de larges fossés entourant les bassins, pour qu'elles n'y parviennent que clarifiées en s'infiltrant au travers des terres formant les digues élevées sur les bords de ces fossés.

Peut-être, est-il à craindre aussi que, soit pour éviter la transformation du sol, soit pour se dégager des dépenses qu'occasionneraient l'ouverture ou l'entretien des canaux de desséchement, on ne s'abstienne d'en creuser dans certaines localités; peut-être encore agira-t-on ainsi dans la persuasion que plus le terrain sera marécageux, c'est-à-dire plus constamment soumis à la décomposition résultant du séjour des eaux, et plus il sera favorable à la multiplication des sangsues.

Ces résultats auraient une influence d'autant plus funeste, qu'ils arrêteraient l'élan donné aux travaux de desséchement par l'écoulement des eaux et le colmatage des terrains où ces opérations sont praticables ; ils priveraient des bienfaits attachés à ces deux opérations sous le rapport de la salubrité publique et de l'agriculture.

Cependant, après avoir indiqué les effets que pourrait avoir l'industrie des sangsues, si elle n'était soumise à aucune règle, la Commission ne doit pas taire que si les efforts persévérants de l'Administration ont provoqué quelques desséchements généralement imparfaits, elle échoue le plus souvent devant la répugnance des propriétaires à entreprendre des ouvrages qu'ils supposent devoir leur coûter plus qu'ils ne leur rapporteraient ; que les propriétaires reculent surtout devant le colmatage dont ils se refusent à reconnaître les puissants effets. Si quelques-uns l'ont tenté, l'opération presque toujours est restée imparfaite, parce qu'elle n'a pas eu lieu avec l'ensemble et suivant les combinaisons qui pouvaient assurer le succès.

Or, la Commission a remarqué que ce que l'Administration n'avait pu obtenir, a déjà été le fruit de la formation des établissements de sangsues ; obligés d'y conduire l'eau de la rivière, de la renouveler souvent, cette eau, qu'on n'a pas eu la pensée de clarifier, si ce n'est dans des cas rares, avant de l'introduire dans les bassins, a fait des dépôts qui ont modifié la nature du sol.

Sans intention de se procurer les bienfaits du colmatage, les propriétaires ont, à leur insu, atteint en partie ce but. On pourrait donc mettre à profit l'industrie des sangsues pour étendre cette amélioration du sol, qui aurait toujours lieu si l'on contraignait les industriels à recevoir constamment les eaux sans les dépouiller du limon dont elles seraient chargées.

L'amélioration du sol par ce procédé est suivie d'un notable changement dans les produits. Ainsi, les marais qui, précédemment, ne donnaient que du jonc, offrent de bons pacages dès qu'ils ont reçu les premiers colmatages ; et si l'opération se répète d'une manière suivie, aux pacages succèdent des prairies produisant d'abord du foin commun, qui ne tarde pas à devenir de bonne qualité.

Ces résultats, sur lesquels il serait facile d'attirer l'attention, frapperaient les propriétaires ; ils contribueraient certainement, mieux que les plus sages conseils, à les faire entrer dans la voie du colmatage ; et, sous ce rapport, l'industrie des sangsues, sagement réglementée, pourrait amener d'importantes améliorations vainement demandées depuis longtemps à l'impuissance de nos lois.

Les terrains communaux, convertis en bassins de sangsues, servent en même temps de pacages. Ils ne doivent pas conserver cette dernière destination. Il est facile de comprendre que les bestiaux, incessamment attaqués par les sangsues, seraient bientôt privés de la masse de sang sans laquelle ils ne sauraient vivre ; ils tomberaient dans le marasme et ne tarderaient pas à succomber. Les possesseurs de bestiaux éprouveraient des pertes que l'autorité doit leur épargner en interdisant le pacage dans les communaux ou terrains jouis en commun, servant à la multiplication des sangsues, à l'époque où celles-ci ne sont pas enfouies dans la terre.

De ces diverses considérations, il résulte que la multiplication et la pêche des sangsues doivent être regardées comme une heureuse conquête qui peut assurer de grands profits à certaines localités, et qu'il est bon d'encourager, pour rendre moins dispendieux, le traitement médical qui a recours à l'usage de ces annélides ; mais que l'Administration ne doit pas perdre de vue que cette industrie, si elle n'était sévèrement réglementée, serait fatale à la santé publique, en même temps qu'elle mettrait obstacle à l'amélioration de vastes étendues de terrains marécageux qui pourraient être rendus à l'agriculture.

Il est donc indispensable qu'elle intervienne dans la formation des établissements pour en régler l'exploitation, de manière que les inconvénients signalés ne se produisent pas, et que l'on puisse, au contraire, profiter des travaux qui seront faits, soit pour compléter les dessèchements, soit pour assurer le colmatage partout où l'on se servira des eaux limoneuses de nos principales rivières ; et si, comme tout semble le faire présager, ces établissements se multipliaient, elle ne devrait pas se reposer, pour l'exécution des mesures qui seraient ordonnées, sur les autorités locales, lesquelles ne peuvent pas toujours déployer toute la vigilance désirable dans l'exécution des règlements touchant la salubrité publique ; un ou plusieurs inspecteurs devraient être spécialement chargés de ce service.

En conséquence, votre Commission est d'avis :

1.º Que les établissements, pour la multiplication et l'élève des sangsues, doivent être rangés au nombre des établissements réputés insalubres de première classe, qui ne peuvent être formés qu'avec l'autorisation du Gouvernement, conformément au décret du 15 Octobre 1810 ;

2.º Que l'Ingénieur des ponts-et-chaussées, chargé du Service hydraulique, soit toujours entendu dans l'instruction des demandes, afin qu'il puisse indiquer les travaux qui devront être exécutés pour assurer le renouvellement des eaux et en empêcher la clarification, avant leur introduction dans les bassins, où elles devront toujours arriver chargées de leur limon ;

3.º Que les établissements déjà formés, dont il a été parlé plus haut, sont dans de bonnes conditions, et peuvent être maintenus, à la charge par les exploitants, néanmoins, de se conformer aux dispositions qui devront être prescrites sur la proposition de M. l'Ingénieur en chef du Service hydraulique, conformément au paragraphe précédent ;

4.º Qu'il doit être recommandé aux autorités locales, de veiller à ce que les eaux qui alimentent ces établissements, en été, soient fréquemment renouvelées, au moins une fois tous les six jours ; qu'elles proviennent des rivières, de sources ou de jalles et ruisseaux, afin qu'elles ne puissent jamais se corrompre ;

5.º Que les terrains communaux ou jouis en commun, consacrés à l'industrie des sangsues, doivent cesser de recevoir des bestiaux en dépaissance, lorsque les sangsues ne sont pas rentrées dans le sol.

6.º Que, si les établissements se multipliaient, il y aurait lieu à constituer un ou plusieurs inspecteurs spéciaux, au choix et à la nomination du Préfet, pour veiller à l'exécution des conditions imposées par les autorisations.

Adopté en séance du Conseil, le 19 Juillet 1850.

DEUXIÈME RAPPORT

SUR LE

TRAITÉ DE L'ÉLÈVE ET DE LA MULTIPLICATION DES SANGSUES,

Par M. L.^A VAYSON.

M. CLÉMENCEAU, Rapporteur.

MESSIEURS,

Vous m'avez chargé de vous rendre compte d'un traité publié par M. Vayson, sous le titre de *Guide pratique des sangsues*. Je viens m'acquitter de cette tâche.

Cet ouvrage répand une vive lumière sur une industrie restée longtemps ignorée, et qui, tombée dans des mains peu habiles, n'a fait que d'imperceptibles progrès. Il offre le plus vif intérêt, et doit avoir une grande influence sur l'avenir de cette industrie, en même temps qu'il contribuera probablement à préserver quelques parties de la France d'une cause d'insalubrité dont elles sont menacées.

M. Vayson démontre sans peine que, jusqu'ici, on a marché sans règle, sans précautions, et qu'en cherchant à multiplier largement les sangsues, on faisait des pertes considérables, soit dans la manière en usage pour transporter celles qu'on va prendre en Turquie et en Hongrie, soit en noyant les cocons à l'époque de la pêche dans les marais.

Son but principal est de faire disparaître ces deux causes, qui ont si puissamment contribué à arrêter la multiplication de ces annélides, et à maintenir le prix à un taux très-élevé.

Il prouve incontestablement qu'on peut faire naître et élever en France, non-seulement toutes les sangsues qui y sont employées, mais encore celles qui doivent être exportées, sans qu'on ait à recourir aux produits que l'on va maintenant chercher au loin. Il en fait ainsi un élément de prospérité agricole et commerciale ; et à cet égard, il se fonde sur ce qu'il se passait autrefois, lorsque les marais, dont le dessèchement n'avait pas été complété, fournissaient aux besoins.

Il reconnaît, ainsi que nous l'avons déjà fait observer nous-même, que le sol tourbeux est celui qui convient le mieux à la sangsue ; il fait ressortir les avantages qui doivent être obtenus d'une hauteur constante des eaux au-dessus du niveau du sol, seul moyen de prévenir la destruction des cocons qui s'opère inévitablement, pour le plus grand nombre, lorsqu'après avoir laissé dessécher les marais pendant l'été, époque de la ponte, on y ramène les eaux à plusieurs centimètres au-dessus, afin de pêcher depuis la fin d'Août jusqu'au moment où les sangsues rentrent dans la terre, c'est-à-dire lorsque la température s'est abaissée.

Il admet avec raison, et c'est un fait essentiel, au point de vue de la salubrité, que les eaux alimentant les bassins doivent être constamment pures, et qu'à cet effet, il faut se placer de manière à avoir des eaux courantes, pour les renouveler fréquemment. Il est évident que, si cette condition est rigoureusement remplie, on n'aura jamais à craindre pour la salubrité.

Un autre avantage résulte du système qu'il développe et conseille ; une longue expérience lui a fait acquérir la certitude à laquelle on croit sans peine qu'il ne faut pas de vastes espaces pour obtenir une grande quantité de sangsues et les alimenter convenablement. Il veut qu'on divise le terrain, dont on dispose (4 ou 5 hectares au plus) en nombreux bassins, dont plusieurs doivent être exclusivement réservés au dégorgement des sangsues, opération qui se fait mal maintenant, ou de manière à entraîner souvent la mort des sangsues, ou à ne fournir que des sujets trompant les prévisions des praticiens qui en prescrivent l'usage et pouvant nuire quelquefois aux malades. Le dégorgement, suite d'une longue abstinence, ne doit pas durer moins d'un an. L'auteur indique un procédé assez ingénieux pour faire passer d'un bassin à l'autre les sangsues qu'on veut mettre au jeûne : il propose d'établir, sur les bassins à nourriture, des îlots flottants dont il donne la forme, qui seraient facilement transportés dans les autres bassins, lorsqu'après s'être repues, les sangsues s'y seraient réfugiées.

Le plus grand des bassins doit recevoir les sangsues que l'on nourrit du sang chaud des animaux qu'on y introduit, et que l'auteur conseille judicieusement de n'y laisser qu'une ou deux heures au plus, afin qu'ils puissent ensuite, par une nourriture abondante et substantielle, réparer leurs forces, au lieu, comme on le fait aujourd'hui, de les abandonner jusqu'à ce que leur sang étant épuisé, ils tombent et meurent.

Il a étendu ses observations au choix des sangsues; il donne la préférence à celles de nos marais et de nos landes; il affirme avoir fait d'heureux croisements avec celles de Géorgie et de Hongrie, et conseille surtout d'imiter cet exemple : les sangsues provenant de ces croisements étant très-recherchées.

L'auteur est convaincu que la sangsue ne trouve qu'une faible et insuffisante ressource pour sa nourriture, dans les poissons, les grenouilles, les têtards, qui ne peuvent lui être profitables que dans son premier âge. Le sang chaud, parfaitement pur, puisé immédiatement dans les veines du cheval, du mulet, de l'âne, du bœuf, de la vache, voilà, dit-il, la nourriture dont l'influence est immense sur la reproduction des sangsues comme sur la rapidité de la croissance.

Il s'occupe aussi de ce qui a trait au commerce, tant intérieur qu'extérieur de la sangsue, et donne à cet égard de sages avis, notamment sur les moyens à employer pour en opérer le transport au loin.

L'ouvrage de M. Vayson est écrit avec une remarquable précision et une parfaite clarté; il est riche d'observations et d'indications utiles, qui ne peuvent être analysées; il faut les lire dans leur entier pour les mettre à profit. J'ai dû me borner, pour vous donner une idée de l'importance de l'ouvrage et de l'influence qu'il peut avoir sur la multiplication des sangsues , à vous en signaler les principaux éléments.

Lorsqu'on le lit avec attention , on y puise la conviction que désormais , cette industrie si précieuse , soit au point de vue médical , soit sous le rapport des avantages qu'elle peut procurer à ceux qui s'y livrent , pourra s'exercer avec succès sur des espaces restreints , et qu'on échappera ainsi aux graves dangers qu'on aurait à craindre pour la santé publique , en la voyant envahir les marais, autrefois vastes foyers d'infection, et qui seraient promptement ramenés à cet état si funeste , si l'Administration ne se hâtait d'intervenir.

L'ouvrage de M. Vayson est donc digne de fixer l'attention ; il mérite que vous en recommandiez la lecture , et que vous fassiez des vœux pour que les sages pratiques qu'il indique, soient mises en usage.

Adopté en séance du Conseil , le 12 Novembre 1852.

TROISIÈME RAPPORT

SUR LA MULTIPLICATION ET L'ÉLÈVE DES SANGSUES.

M. CLÉMENCEAU, *rapporteur.*

MESSIEURS,

Dans les premiers jours du mois de Juin 1850, vous signalâtes à M. le Préfet les dangers qui pouvaient résulter pour la santé publique, du développement donné à l'industrie qui avait pour objet la multiplication des sangsues dans les marais voisins de la ville de Bordeaux.

Le 19 Juillet suivant, après avoir visité ces marais et ceux situés dans plusieurs communes de l'arrondissement, vous adressâtes à ce magistrat un rapport dans lequel se trouve cette phrase : « L'Admi-» nistration ne doit pas perdre de vue que cette industrie (la mul-» tiplication des sangsues), si elle n'était sévèrement réglementée, » serait fatale à la santé publique, en même temps qu'elle mettrait » obstacle à l'amélioration des vastes terrains marécageux, qui » pourraient être rendus à l'agriculture ».

Ce rapport se terminait par les conditions suivantes :

Le Conseil est d'avis,

« 1.° Que les établissements pour la multiplication et l'élève des sangsues, doivent être rangés au nombre de ceux réputés insalubres de première classe, qui ne peuvent être formés qu'avec l'autorisation du Gouvernement, conformément au décret du 15 Octobre 1810.

» 2.º Que l'ingénieur des ponts-et-chaussées, chargé du Service hydraulique, soit toujours entendu dans l'instruction des demandes, afin qu'il puisse indiquer les travaux qui doivent être exécutés pour assurer le renouvellement des eaux et en empêcher la clarification, avant leur introduction dans les bassins, où elles devront toujours arriver chargées de leur limon.

» 3.º Que les établissements déjà formés dont il a été parlé plus haut, sont dans de bonnes conditions et peuvent être maintenus, à la charge par les exploitants, néanmoins, de se conformer aux dispositions qui devront être prescrites sur la proposition de M. l'Ingénieurs en chef du service hydraulique, conformément au paragraphe précédent.

» 4.º Qu'il doit être recommandé aux autorités locales, de veiller à ce que les eaux qui alimentent ces établissements, soient fréquemment renouvelées, au moins une fois tous les six jours, qu'elles proviennent de rivières, de source ou de jalles et ruisseaux, afin qu'elles ne puissent jamais se corrompre.

» 5.º Que les terrains communaux ou jouis en commun, consacrés à l'industrie des sangsues, doivent cesser de recevoir des bestiaux en dépaissance, lorsque les sangsues ne sont pas rentrées dans le sol.

» 6.º Que si les établissements se multipliaient, il y aurait lieu d'instituer un ou plusieurs inspecteurs spéciaux, au choix et à la nomination du Préfet, pour veiller à l'exécution des conditions imposées par les autorisations ».

Le 11 Octobre de la même année, M. le Préfet vous envoya copie d'une dépêche de M. le Ministre de l'Agriculture et du Commerce, dans laquelle on lit :

» J'avais également communiqué au Comité consultatif d'hygiène
» publique, le rapport par lequel le Conseil d'hygiène de la Gironde
» a proposé de classer dans la première catégorie des établissements
» réputés insalubres ou incommodes et qui, à ce titre, ne peuvent
» être ouverts sans une autorisation préalable, ceux qui sont desti-
» nés à la multiplication des sangsues. Ce Comité, dans un avis
» qu'il vient de m'adresser, déclare que le rapport du Conseil d'hy-

» giène de Bordeaux renferme des vues utiles sur les dispositions qui
» pourraient être prises dans l'intérêt de la santé publique, en vue
» des inconvénients que semblent présenter l'élève et la multiplica-
» tion de ces annélides ; il ajoute que ces vues pourront trouver leur
» application, lorsqu'on s'occupera d'un règlement général sur la
» pêche et la conservation des sangsues ; mais qu'il serait préma-
» turé, dans l'état actuel de la législation et du commerce des sang-
» sues, de classer les établissements consacrés à leur multiplication
» et de les soumettre à des conditions particulières ».

Ces observations vous donnèrent à penser que le Comité consultatif n'avait pas été mis suffisamment à même de se former une idée
exacte des graves inconvénients qui pouvaient résulter de l'exercice
libre de l'industrie relative aux sangsues, et, par un second rapport
du 10 Décembre 1850, vous fournîtes de nouvelles explications, en
faisant ressortir à la fois l'imminence du danger et l'urgence de le
conjurer, danger accru par le développement rapide de cette industrie
qui envahissait notamment les marais aux approches de Bordeaux,
» arrachés, disiez-vous, à l'état d'insalubrité qu'ils offraient autre-
» fois, à l'aide de travaux dispendieux, et qui reviendraient bientôt
» à leur premier état si les exploitants n'étaient soumis à des dis-
» positions propres à prévenir le séjour prolongé des eaux pendant
» les fortes chaleurs de l'été ; qu'alors on verrait se renouveler cette
» mortalité qui frappait le faubourg des Chartrons, avant que le
» décret impérial du mois d'Août 1808, vînt ordonner des mesures
» pour mettre un terme à cette calamité publique ; que ce qui arri-
» verait dans cette localité, se produirait, aussi, dans les agglo-
» mérations de populations voisines des marais, heureuses maintenant
» d'avoir été délivrées, par des travaux de desséchement, des fièvres
» qui les décimaient ».

Vous faisiez ressortir encore, l'urgence des mesures proposées
par le rapport du 19 Juillet, et vous insistiez pour qu'elles fussent
adoptées.

Depuis, Messieurs, les choses se sont bien aggravées ; vos prévisions se sont converties en certitude ; deux ans se sont à peine écoulés et la plus grande partie des marais situés sur la rive gauche de la
Garonne, depuis les portes de Bordeaux jusqu'à Macau, sur une
étendue de 16 kilomètres, est déjà consacrée aux sangsues. Les pro-

priétaires qui ne veulent pas exploiter eux-mêmes, louent leurs marais à des prix exorbitants que sont loin d'atteindre ceux des plus riches terrains.

Pour que vous puissiez juger de l'importance de cette transformation, je vais mettre sous vos yeux l'étendue de ces marais, en indiquant la date des décrets impériaux, ordonnances royales, qui ont institué des syndicats pour en assurer le desséchement.

Marais de Bordeaux et de Bruges..................... *(Décret du 2 Janvier 1812).*	1670 hectares.
Marais de Blanquefort .... *(Décret du 17 Janvier 1815).*	512
Marais de Blanquefort, Padouens .... *(Ordonnance du 26 Juin 1844).*	468
Marais de Parempuyre, Flamands................. *(Décret du 21 Février 1814).*	695
Marais de Parempuyre, non syndiqués .... *(Décret du 21 Février 1814).*	300
Marais de Ludon .... *(Ordonnance du 28 Janvier 1828).*	534
Ensemble..................	3679 hectares.

Ou 11,057 journaux, ancienne mesure bordelaise.

Ces marais sont généralement composés, comme nous l'avons déjà dit dans notre premier rapport, d'une couche de tourbe peu profonde qui n'offre quelque consistance et ne résiste à la pression, que parce qu'elle est entremêlée de racines d'herbes et de plantes aquatiques.

Sous cette couche, se trouve l'eau ou une boue dans laquelle les bestiaux sont menacés de s'engloutir, lorsque la couche supérieure cède sous leurs pieds ; elle est maintenant altérée par le long séjour des eaux et par la présence des chevaux livrés en pâture aux sangsues, qui la piétinant incessamment, la transforment également en boue puante, aussitôt que les rayons du soleil la pénètrent. Cette détérioration du sol, sur certains points, est telle que des éleveurs sont obligés d'en retirer les bestiaux et de renoncer, pour longtemps, à ce moyen puissant de hâter le développement des sangsues. Ces localités sont autant de foyers d'infection.

Les innombrables chevaux abandonnés aux sangsues, périssent sur ces terrains, trop éloignés de la voirie, pour qu'on puisse les y transporter sans des frais qu'on cherche à économiser; on ne peut les enfouir suffisamment sur les lieux à cause du défaut de profondeur du sol; on se borne, dans ce cas, à couvrir les corps d'un peu de terre légère, au travers de laquelle les gaz trouvent un facile passage; ils se répandent au loin et, mêlés à ceux qui s'élèvent des eaux croupissantes sur ces terrains, ils vicient l'air. Ajoutons que les chevaux conduits dans ces marais, sans être soumis à l'inspection des gens de l'art, sont vieux, souvent atteints de maladies d'une nature fâcheuse, que les sangsues abreuvées de leur sang pourraient peut-être inoculer à l'homme

Frappés du danger que pourrait courir la santé publique si l'on ne s'empressait d'arrêter l'envahissement de ces marais, vous vous disposiez à soumettre de nouvelles observations à M. le Préfet, lorsque, par sa lettre du 30 Septembre dernier, ce magistrat vous annonça que M. Mélier, président de l'Académie nationale de médecine et membre du Comité d'hygiène publique, chargé par M. le Ministre de l'Agriculture et du Commerce, de différentes études se rattachant à la santé publique, était arrivé à Bordeaux et désirait avoir des renseignements en ce qui concernait les marais à sangsues. Il vous convoquait à une réunion pour le surlendemain, 2 Octobre.

Dans cette réunion, vous exposâtes à M. Mélier les faits déjà signalés par vous; vous lui proposâtes de s'en convaincre par ses propres yeux; vous le conduisîtes sur quelques marais à sangsues.

Il comprit, sans peine, les suites déplorables que pouvait avoir pour la santé publique cette nouvelle industrie livrée à elle-même. Il annonça qu'il ferait connaître à l'autorité supérieure et au Comité d'hygiène le véritable état des choses, et ne parut pas douter qu'il n'intervînt, prochainement, des mesures pour y mettre un terme.

Quatre mois se sont écoulés depuis, sans que vous ayez appris qu'il ait été donné suite au rapport qu'a dû faire M. Mélier, et, cependant, des faits récents sont venus vous apprendre que l'industrie conti-

nuait à se développer largement , que des terrains auxquels on n'a-
vait pas songé , étaient préparés pour recevoir des sangsues ; que
des baux, à des prix encore plus élevés que ceux déjà connus, ont
été passés ; enfin , circonstance pénible à rappeler , qu'un propriétaire qui se disposait à entreprendre, sur une grande échelle, des
travaux de colmatage parfaitement bien conçus, et qui avaient reçu
votre élogieuse approbation, avait renoncé à cet utile projet, pour
livrer aux sangsues des terrains qu'il voulait assainir et améliorer, et
qui auraient été une précieuse conquête pour l'agriculture.

La transformation des marais en bassins à sangsues a été si rapide,
elle menace de prendre un si grand essor, qu'elle n'a pu échapper à
l'œil des populations ; elles s'en sont émues ; elles se demandent si
l'on peut permettre, en présence de nos lois si positives, notamment
celle du 16 Septembre 1807 , de ramener à un état pire que celui où
ils étaient avant qu'on entreprit de les dessécher, les marais qui furent si longtemps l'objet de l'ardente sollicitude de l'Administration,
et à l'amélioration d'une partie desquels (ceux de Bordeaux et de
Bruges), le décret impérial du 25 Avril 1808 affecta une somme de
50,000 fr. ; opération dont les bienfaits eurent bientôt disparu.

Les appréhensions de la population bordelaise sont d'autant plus
vives , que depuis plusieurs mois la fièvre typhoïde et d'autres maladies d'un caractère pernicieux , planent sur la ville et y ont fait de
nombreuses victimes. On a une tendance à croire que les miasmes
échappés des bassins à sangsues ont pu contribuer à rendre ces maladies plus meurtrières ; on s'alarme , surtout , des terribles effets
qu'elles pourraient produire au retour des chaleurs de l'été. Si , sous
l'empire de cette préoccupation , le choléra, qui se montre encore
au Nord de l'Europe , venait vous envahir, il serait à craindre que la
clameur publique n'accusât d'indifférence ceux qui ont reçu l'importante mission de veiller à la conservation de la santé publique.

Vous n'avez pas voulu que ce reproche pût vous être adressé ;
dans l'intérêt de vos concitoyens , comme pour mettre à couvert votre
responsabilité , vous avez résolu d'appeler , une fois encore, la sérieuse attention de l'autorité supérieure sur les établissements destinés à la multiplication des sangsues , et vous avez chargé la Commission qui s'est occupée , en 1850 , de cet objet, de vous présenter
un rapport dans ce but.

15

Cette Commission [1] a pensé que le Gouvernement ne saurait trop se hâter d'intervenir pour règlementer cette industrie ; que les plus grands malheurs pouvaient résulter du retour des marais desséchés à leur état primitif ; retour inévitable et prochain si cette industrie soumise à des conditions qui puissent l'empêcher, qu'il convenait de mettre sous les yeux de l'autorité les détails qui précèdent et de reproduire, en les généralisant, les conclusions du rapport du 19 Juillet 1850, tendant à faire classer les établissements pour la multiplication des sangsues parmi ceux de première classe, réputés insalubres ou incommodes.

Voici, Messieurs, ces conclusions, modifiées, toutefois, de manière à recevoir une application plus générale.

Le Conseil d'hygiène et de salubrité est d'avis :

1.° Que les établissements pour la multiplication et l'élève des sangsues doivent être rangés au nombre de ceux réputés insalubres ou incommodes, de première classe, qui ne peuvent être formés qu'avec l'autorisation de l'Administration, conformément au décret du 15 Octobre 1810 ;

2.° Que l'Ingénieur des ponts-et-chaussées chargé du Service hydraulique, soit toujours entendu dans l'instruction des demandes, afin de fixer le régime des eaux ;

3.° Qu'il doit être recommandé aux autorités locales de veiller à ce que les eaux qui alimenteront ces établissements soient renouvelées, conformément aux prescriptions des autorisations ;

4.° Que les terrains communaux ou jouis en commun, consacrés à l'industrie des sangsues, doivent cesser de recevoir des bestiaux en dépaissance, lorsque ces annélides ne sont pas rentrés dans le sol ;

5.° Que, les établissements se multipliant, il y a lieu à instituer, sans retard, un ou plusieurs inspecteurs spéciaux, au choix et à la

[1] Membres de la Commission : MM. Soulé, vice-président ; Levieux, secrétaire-général ; Fauré, Mabsere, Petit-Lafitte, Guichenet et Clémenceau, rapporteur.

nomination du Préfet, qui pourra les révoquer, pour veiller à l'exécution des conditions.

M. le Préfet est instamment prié de vouloir bien mettre, le plus prochainement possible, le présent rapport sous les yeux de M. le Ministre de l'Intérieur, de l'Agriculture et du Commerce, et d'en appuyer les conclusions de sa puissante recommandation.

Adopté en séance du Conseil, le 27 Janvier 1853.

QUATRIÈME RAPPORT

SUR L'ÉLÈVE ET LA MULTIPLICATION DES SANGSUES.

M. CLÉMENCEAU, *rapporteur*.

MESSIEURS,

Vous veniez à peine de signaler de nouveau à M. le Préfet, par un troisième rapport, sous la date du 27 Janvier dernier, les craintes que vous inspirait pour la santé publique le large développement donné à l'industrie de l'élève des sangsues, que M. le Ministre de l'Intérieur faisait connaître à ce fonctionnaire, par sa lettre du 10 Février suivant, que son attention avait été attirée récemment sur cet objet important.

Voici comment s'exprimait le Ministre :

« Déjà le Conseil de salubrité et d'hygiène publiques de Bordeaux,
» s'était préoccupé des inconvénients que pouvait entraîner l'exten-
» sion de cette industrie dans quelques parties de l'arrondissement
» de Bordeaux, si elle n'était pas soumise à des règles et à des pré-
» cautions qui fussent de nature à la faire servir au progrès des des-
» séchements par le procédé de colmatage, ou, au besoin, à empê-
» cher qu'elle ne donne lieu à la création de nouveaux foyers d'insa-
» lubrité.

» D'après un second rapport de ce Conseil, en date du 10 Janvier
» 1851, le Comité consultatif des arts et manufactures avait été invité
» à examiner s'il y avait des motifs suffisants pour comprendre les
» marais ou étangs où l'on élève les sangsues dans la première classe

« des établissemens insalubres et incommodes. Le Comité a conclu,
« des documents qui lui ont été communiqués, que les étangs où
« l'on élève les sangsues ne diffèrent pas, au point de vue de la sa-
« lubrité, des étangs où l'on élève des poissons ; il a été d'avis qu'il
« n'y avait pas lieu de faire aux marais à sangsues l'application du
« décret du 15 Octobre 1810.

« Les renseignements qui me sont parvenus, depuis cet avis, du
« Comité consultatif, tendraient à faire envisager la question sous un
« autre jour ; il paraîtrait, d'abord, que l'impulsion donnée à l'esprit
« de spéculation par les succès qu'ont obtenu quelques éleveurs de
« sangsues, pourrait faire craindre, non-seulement qu'une grande
« partie de terrains plus ou moins inondés ne soient affectés à cette
« industrie ; mais encore que des marais desséchés ne soient de nou-
« veau convertis en marais ou étangs ; que, de plus, les procédés
« auxquels on attribue la multiplication rapide des sangsues, dans
« quelques marais ou étangs formés artificiellement, près de Bor-
« deaux, ne viennent se généraliser, et qu'il n'en résulte des incon-
« vénients très-graves pour la santé publique, sans parler des motifs
« d'un autre ordre qui pourraient faire condamner ces procédés
« comme contraires au principe de la loi par laquelle les mauvais
« traitements exercés publiquement et abusivement sur les animaux
« sont déclarés punissables.

« Vous savez, M. le Préfet, que le moyen particulièrement recom-
« mandé pour multiplier les sangsues dans les marais de Bordeaux,
« et pour leur faire prendre une croissance rapide, consiste à con-
« duire dans ces marais, de vieux chevaux, de vieux ânes, à nourrir
« les sangsues du sang de ces malheureux animaux, ainsi condamnés
« à une mort lente, précédée de souffrances que leur attitude révèle
« suffisamment aux spectateurs de leur martyre ».

A la suite de ses observations, M. le Ministre proposait les huit
questions que j'indiquerai plus tard.

M. le Préfet vous demanda de lui fournir des éléments qui pouvaient
aider à résoudre ces questions. La Commission, composée de MM.
Soulé, Malaure, Fauré, Barbet, Petit-Lafitte, Guichenet, Lexieux et
Clémenceau, qui s'était déjà occupée de cet objet, fut appelée par
vous à vous soumettre un travail dans ce but.

La Commission, dont j'ai l'honneur d'être l'organe, crut devoir, d'abord, prier ce fonctionnaire de demander aux maires des communes où l'industrie dont il s'agit s'est implantée, des renseignements sur certains points. Lorsqu'ils lui furent parvenus, elle se transporta une première fois, les 8 et 29 Juin dernier, dans les marais de Bordeaux, Bruges, Blanquefort et Parempuyre, qu'elle parcourut, assistée des Maires, des Directeurs des Commissions syndicales instituées pour la plus part de ces marais, et de quelques intéressés.

À peu près partout, elle trouva les bassins à sangsues couverts d'une tranche d'eau variant de quinze à soixante centimètres ; elle constata que pour entretenir l'immersion de ces bassins, il fallait que les eaux fussent retenues au moyen de barrages jetés sur les principaux fossés d'écoulement, à une hauteur telle que les propriétés voisines où il n'y avait pas de sangsues, restaient aussi forcément inondées. Elle remarqua encore, qu'alors même que des précautions avaient été prises pour empêcher l'introduction des eaux sur ces derniers terrains, néanmoins, à raison de la nature perméable du sol, elles y parvenaient par infiltration, et y étaient maintenues par le niveau de celles couvrant les bassins à sangsues qui forment une sorte de digue.

De cet état de choses, il résulta la preuve incontestable que les eaux ne séjournaient pas seulement dans les bassins à sangsues, mais aussi sur les marais voisins ayant le même niveau ou un niveau inférieur, et que les uns et les autres étaient ramenés à l'état où ils se trouvaient avant les travaux entrepris pour en opérer le dessèchement ; que, lorsque pour faciliter la ponte et l'éclosion des cocons, du 15 Juin au 25 ou 30 Août de chaque année, on faisait évacuer les eaux des bassins, les terrains voisins subissaient la même condition ; que tous offraient alors de vastes foyers d'où, pendant les fortes chaleurs, devraient nécessairement s'échapper des vapeurs très-malfaisantes, aussitôt que la détérioration de ces terrains, déjà très-avancée, serait plus complète.

Des chevaux de triste apparence, réduits à l'inaction par la souffrance et leur décrépitude, furent aperçus en assez grand nombre sur les marais à sangsues ; mais il demeura constant pour la Commission que ce n'étaient pas les seuls qui, en ce moment même, étaient destinés aux sangsues.

Ces marais se trouvaient couverts d'eau, lors de la visite, par suite des pluies récemment tombées, et en partie aussi, parce que volontairement, pendant la nuit précédente, notamment dans les communes de Bordeaux et de Bruges, on y avait introduit celle du fleuve.

La Commission voulut également connaître l'état des marais lorsqu'ils étaient mis à sec.

Elle s'y transporta de nouveau le 27 Juillet ; elle put alors se convaincre que vos prévisions de 1850 étaient fondées : elle trouva, sur plusieurs points, les marais n'ayant plus ou presque plus d'eau à la surface, mais en ayant encore assez conservé pour rester, partout où ils avaient été piétinés par de nombreux chevaux, à l'état de boue dans laquelle les hommes, aussi bien que les chevaux, s'enfonçaient profondément. Les propriétaires avaient fait de vains efforts pour les dessécher ; quelques-uns avaient ouvert de nombreuses rigoles ; un autre avait même eu recours à des moyens mécaniques pour enlever les eaux ; mais ils n'avaient pu réussir, et le représentant de ce dernier fit connaître à la Commission qu'il avait dû suspendre l'action de ces machines, parce que, le chenal d'écoulement ayant servi à l'introduction des eaux de la Garonne pour l'irrigation, les vases déposées par ces eaux en avaient exhaussé la sole, de manière qu'elle se trouvait plus élevée que les terrains dont ce chenal devait recevoir les eaux.

Après vous avoir fait connaître la marche suivie par la Commission, pour arriver plus sûrement à la solution des questions posées par M. le Ministre, je vais mettre sous vos yeux ces questions et les réponses qu'elle propose ; puis j'indiquerai les conclusions qu'elle a jugé devoir les suivre.

PREMIÈRE QUESTION.

Quelle est actuellement l'étendue des marais ou étangs où l'on élève des sangsues dans le département de la Gironde ?

Le relevé fourni par les Maires porte cette étendue à 1,100 hectares ; mais il est évident pour la Commission, qui a plusieurs fois visité attentivement les lieux, qu'il y a erreur dans cette indication ; on peut fixer l'étendue occupée par les bassins à 3,000 hectares.

DEUXIÈME QUESTION.

Des portions de rivage déjà desséchées ont-elles été converties de nouveau en marais ou étangs pour servir à l'élève des sangsues?

Ces bassins sont à peu près tous situés sur les deux rives de la Dordogne et de la Garonne, mais en plus grande partie sur la rive gauche de cette dernière rivière.

Tous les marais où l'on élève aujourd'hui les sangsues, étaient desséchés d'une manière plus ou moins parfaite. La plus grande partie ne se couvrait plus d'eau, si ce n'est dans les hivers très-pluvieux, lorsque les voies d'écoulement devenaient insuffisantes. Alors même la submersion n'était que de courte durée.

On cultivait dans ces terrains des avoines, du maïs, des menus grains, ou l'on y récoltait du foin, des fourrages. Quelques rares portions gardaient les eaux durant une partie de l'hiver; mais elles se desséchaient dès le retour de la belle saison. On y trouvait, en été, de bons pâturages et d'abondantes récoltes de *jonc*. Tous ces marais sont maintenant tenus sous l'eau pendant dix mois de l'année, au moyen d'irrigations faites à l'aide, soit des eaux du fleuve, soit de celles provenant de ruisseaux qui prennent leur source dans les Landes. Afin de faciliter l'introduction de ces dernières, on a coupé les digues ou cordons élevés par les premiers dessécheurs, uniquement dans le but d'en préserver ces fonds.

Les eaux ne sont retirées de ces marais, lorsqu'il y a possibilité, que du 15 Juin au 20 ou 30 Août, pour faciliter la ponte et l'éclosion des cocons que les sangsues déposent à la surface, c'est-à-dire pendant la saison où, des terres restées longtemps mouillées, se dégagent des vapeurs qui engendrent les fièvres intermittentes, les fièvres typhoïdes chez les hommes, et les épizooties parmi les bestiaux.

TROISIEME QUESTION.

Les travaux qui ont été faits, soit dans les terrains qui n'ont jamais cessé d'être, au moins partiellement, inondés, soit dans les marais nouvellement formés pour y nourrir et y multiplier les sangsues, ces travaux ont-ils exercé quelque influence sur la salubrité?

Les rapports des médecins attestent que, ni ces travaux, ni le nouvel état des marais n'ont eu aucun effet fâcheux sur la santé des habitants des lieux où siège l'industrie, ni sur celle des habitants des localités voisines. Il en est même qui, ainsi que les Maires, ont affirmé que ces travaux avaient contribué à l'amélioration de la santé publique.

Les relevés des registres de l'État civil ont, en outre, établi que la mortalité ne s'était pas accrue.

Toutefois, ces faits vrais pour le moment, ne tarderaient pas à se modifier fatalement si l'état des lieux ne changeait.

Ainsi qu'on l'a dit plus haut, une partie des marais où l'on élève les sangsues n'était desséchée qu'imparfaitement; dès que des bassins ont dû y être établis, des travaux ont été exécutés pour faciliter le mouvement des eaux; elles peuvent être renouvelées. Il y a eu, effectivement, amélioration sous ce rapport; mais, d'un autre côté, ces terrains qui consistent généralement en une couche de tourbe ou terre légère, reposant sur un fonds fangeux, se dénaturent sous le séjour à peu près continu des eaux entretenues pour les sangsues; la partie solide, incessamment piétinée par les nombreux chevaux employés au gorgement, à l'alimentation des annélides, a été broyée et amenée à l'état de boue. On comprendra sans peine qu'à l'époque de la ponte et de l'éclosion, en *Juin*, *Juillet* et *Août*, il se dégagera nécessairement, de ces lieux exposés aux rayons ardents du soleil, des gaz délétères, et l'on verra alors renaître les épidémies qui, autrefois, moissonnaient les populations et les forçaient, le Parlement en tête, à s'expatrier de Bordeaux.

Cet état est aujourd'hui incontestable dans la presque généralité des marais à sangsues : il ne faut que voir les lieux pour s'en convaincre. Il est venu justifier la justesse de cette observation consignée dans le rapport du Conseil du 19 Juillet 1852 : « Cette indus» trie, si elle n'était réglementée, serait fatale à la santé publique, » en même temps qu'elle mettrait obstacle à l'amélioration de vas» tes étendues de marais ».

QUATRIÈME QUESTION.

Peut-on indiquer, d'une manière au moins approximative, le nombre des sangsues que les établissements formés dans la Gironde, livrent actuellement au commerce et quels ont été les progrès de cette industrie depuis 1850 ?

D'après les renseignements fournis par les Maires, cette quantité serait de 5,000,000. Mais ici, de même que sur l'étendue des marais exploités (première question), il y a erreur. Une quantité beaucoup plus considérable a été pêchée et livrée au commerce pendant chacune des deux années qui viennent de s'écouler. Il en a aussi été vendu beaucoup pour peupler les bassins nouvellement formés. Il sera toujours difficile d'obtenir des éleveurs des renseignements exacts à ce sujet. Pour en avoir de positifs, il faudrait faire surveiller avec soin la pêche de l'un des bassins placés dans de bonnes conditions. Des indications données par des personnes qui ont quelque expérience, il résulterait que la production annuelle pourrait être portée en moyenne, dans ces conditions, de 15,000 à 20,000 sangsues par hectare.

Les progrès de cette industrie ont été très-rapides depuis 1850.

Comme le prévoyait le Conseil, dans le rapport du 19 Juillet de cette année, les témoins des succès obtenus par les premiers éleveurs se hâtèrent de suivre leur exemple : alors les bassins pouvaient s'étendre à 500 hectares; on a vu, par la réponse à la première question, qu'ils embrassent 2,000 hectares. Ce rapprochement fait ressortir les rapides progrès de l'industrie qui aurait déjà probablement envahi tous les marais, sans exception, si les plaintes qui s'élèvent de toutes parts n'étaient venues en arrêter l'essor.

CINQUIÈME QUESTION.

Les sangsues fournies par ces établissements sont-elles considérées comme étant en général de bonne qualité ? — Quelle est, approximativement, la quantité qu'on en consomme dans le département de la Gironde et combien en exporte-t-on, soit à l'intérieur, soit à l'extérieur ?

Les sangsues, lorsqu'elles ne sont pas gorgées, sont de bonne qualité, surtout les sangsues indigènes. Les hongroises et celles provenant d'autres pays étrangers, introduites d'abord dans les bassins, en grande quantité, pour les peupler, sont moins appréciées. Les éleveurs s'attachent à les faire disparaître et à les remplacer par celles du pays.

Cette industrie n'étant soumise à aucun contrôle, il n'est pas possible d'indiquer les quantités consommées dans le département, non plus que celles exportées, soit à l'intérieur, soit à l'extérieur ; mais il est constant que cette double exportation et la vente pour la consommation du département, ont une grande importance.

SIXIÈME QUESTION.

Est-il établi, par des expériences positives, que les sangsues nourries artificiellement avec du sang de mammifères, prennent une croissance plus rapide et se multiplient davantage que celles qui sont abandonnées à elles-mêmes ?

Il n'a pas été fait d'expériences positives et suivies à cet égard ; mais le fait de la notable extension de l'industrie et de ses succès, depuis 1830, prouve que l'alimentation avec le sang chaud des mammifères, contribue puissamment au développement rapide des sangsues, puisqu'on les a vues devenir marchandes en beaucoup moins de temps qu'il n'en fallait lorsqu'on n'avait pas recours à ce moyen, ou qu'on n'en usait qu'avec réserve et, pour ainsi dire, accidentellement. On n'a pu acquérir la même certitude en ce qui regarde la multiplication ; le gorgement peut y contribuer en rendant la sangsue plus tôt apte à la reproduction et en augmentant sa fécondité.

On ne devrait cependant pas conclure de ces dernières observations, que la large multiplication qui s'est fait remarquer depuis peu, doit être attribuée au nouveau mode de nourriture des sangsues. On en trouverait plutôt la véritable cause dans les circonstances que voici :

Lorsque la pêche des sangsues n'avait pas pris rang parmi les industries, elle était faite par des femmes, des enfants, des ouvriers inoccupés. Elle était faite dans les fossés, dans les marais qui restaient constamment couverts d'eau, ou de la surface desquels elle ne disparaissait qu'après une longue sécheresse, en été, et qui en était de nouveau couverte après quelques jours de pluie.

Cette alternative de dessèchement à la surface et de submersion, avait souvent lieu à l'époque de la ponte ou pendant l'éclosion. Elle suffisait pour détruire toute une ponte. Elle se généralisait dans le département, et la production se trouvait entièrement perdue.

A cette époque aussi, les marais offraient des pâturages qui, quoique médiocres, étaient utilisés ; on y conduisait les bestiaux qui, par le piétinement, écrasaient les cocons ; enfin, la pêche avait lieu *sans interruption, surtout lorsque la sangsue se préparait à la ponte.*

Telles sont les causes qui, avant que cette pêche passât à l'état d'industrie très-lucrative, s'opposaient à la multiplication. Il arrivait à ce sujet ce qui s'est produit dans les localités abondantes en poissons ou riches en coquillages, où les uns et les autres ont presque disparu par suite de l'inobservation des règlements interdisant la pêche pendant la saison du frai, et l'usage des engins qui les détruisaient.

Aujourd'hui les causes de destruction des sangsues ont disparu ; on entretient à peu près constamment couvertes d'eau les surfaces des bassins dans lesquels les sangsues trouvent les insectes, les plantes qui les nourrissent. Partout où les mammifères ne pénètrent pas, les bassins sont desséchés à l'approche de la ponte jusqu'après

l'éclosion ; les bestiaux en sont rigoureusement éloignés ; alors la
pêche reste suspendue ; aucune circonstance ne peut arrêter la reproduction. Très-certainement, c'est à ces dispositions bien entendues, au point de vue de l'industrie, qu'on doit plus spécialement
attribuer le développement de la multiplication depuis quelques années. En 1832, les longues pluies de Juillet et d'Août, ayant fait
disparaître l'une de ces conditions, le dessèchement de la surface,
la plus grande partie de la ponte a été perdue. Il y a eu sur plusieurs points une atteinte grave portée à la reproduction.

Quelques éleveurs, pour se soustraire à de semblables accidents,
ont placé au milieu de leurs bassins, de petites buttes où les sangsues vont déposer leurs cocons à l'abri des eaux.

Ce mode, qui permet le système d'inondation continue, a été de
la part de M. Vayson, l'objet d'un travail qui, vous le savez, a reçu
votre approbation.

SEPTIÈME QUESTION.

*Les sangsues nourries avec du sang des mammifères, ne sont-elles
jamais livrées au commerce ou à la consommation qu'après
avoir été complétement dégorgées ? — Quels sont les moyens de
surveillance qu'on emploie à Bordeaux et dans les autres villes
du département pour empêcher qu'on ne vende des sangsues gorgées ? — A-t-on observé que depuis quelque temps, des accidents,
qu'on pourrait attribuer à l'usage des sangsues malsaines, soient
devenus plus fréquents dans les hôpitaux de Bordeaux ou dans
la pratique civile ? — Quels sont ces accidents et quelles raisons
a-t-on de croire qu'on puisse les imputer à des sangsues nourries du sang d'animaux malades ?*

Presque toujours, les sangsues sont vendues plus ou moins gorgées, malgré les soins que prennent les acheteurs pour s'en procurer qui aient subi un long jeûne, dont la durée indispensable n'a
pas encore été déterminée d'une manière sûre. Rien, d'ailleurs, ne
la garantirait aujourd'hui, attendu que les éleveurs n'ont pas eu la
précaution d'établir des bassins exclusivement destinés à recevoir

les sangsues prises dans les bassins de gorgement, disposition à laquelle on ne supplée pas suffisamment, en retirant momentacément dans les bassins, les chevaux, qu'on ne tarde pas à y ramener pour pousser au développement les nouveaux sujets mêlés à ceux qu'on se prépare à livrer au commerce.

Il résulte de cet usage un abus, une fraude réelle, préjudiciable au point de vue de la dépense, au consommateur obligé d'employer un plus grand nombre de sangsues, afin d'obtenir un effet utile, fraude qui peut aussi avoir des suites bien funestes, en faisant échouer, dans les cas pressants, le traitement auquel servent ces annélides ; car, les prescriptions du médecin reposant sur la supposition qu'elles sont en état de fonctionner efficacement, il peut se faire qu'elles ne produisent qu'un effet insuffisant si elles sont gorgées, et que les malades restent exposés aux plus graves dangers. C'est en considération de ces circonstances possibles, que les tribunaux ont toujours regardé le gorgement comme un fait très-répréhensible ; or, que le gorgement ait lieu artificiellement, ou qu'il soit le résultat du mode d'alimentation, ne peut-il pas avoir les mêmes conséquences et ne doit-il pas être également proscrit ?

Ceci mérite une sérieuse attention de la part de l'autorité supérieure.

Il n'est, d'ailleurs, exercé à ce sujet aucune surveillance dans le département de la Gironde. La vente n'est soumise à aucune règle ; elle est complètement libre, et les pharmaciens, les personnes qui font le commerce des sangsues, celles qui les consomment, sont livrées sans défense.

On n'a pas constaté d'accidents attribués aux sangsues malsaines. Néanmoins, depuis qu'on a remarqué l'emploi d'un grand nombre de chevaux parvenus à l'état de dépérissement le plus déplorable, l'attention s'est portée sur certains faits qui pouvaient provenir de l'insanité de ces annélides. Ainsi, on a vu se développer des inflammations graves sur les parties où ils avaient été appliqués ; des plaies d'un aspect fâcheux s'y sont quelquefois manifestées, sans cependant qu'on pût en trouver la cause dans l'état du malade. Maintenant, on observe, et l'expérience viendra répandre la lumière sur cette question sur laquelle il n'y a eu encore que des doutes.

HUITIÈME QUESTION.

À combien évalue-t-on le nombre de vieux chevaux, de vieux ânes qui sont livrés, annuellement, aux sangsues dans le département de la Gironde ?

Ici, encore, on n'a pu recueillir des renseignements positifs ; chaque éleveur se croyant intéressé, pour masquer la mortalité, à déguiser la vérité.

Il paraît certain cependant que, dans les bassins où l'on force le gorgement, on peut porter à dix par hectare la quantité de vieux chevaux employés chaque année, et qui viennent trouver la mort sur ces terrains. Il faudrait une vigilance des plus soutenues pour arriver à être parfaitement fixé à cet égard. Les animaux ne vivant pas longtemps, sont fréquemment remplacés ; ce mouvement échappe nécessairement à la surveillance à peu près nulle maintenant, et qui restera telle tant que l'industrie n'aura pas été réglementée et soumise à l'inspection d'agents spéciaux.

L'emploi de cette prodigieuse quantité de chevaux choisis parmi les sujets qui, devenus vieux, tarés, malades, ne peuvent plus faire aucun service, est une des pratiques qui peuvent rendre très-dangereuse l'industrie des sangsues.

Si l'on s'en rapporte aux renseignements fournis par les Maires des localités, la mortalité des chevaux ne serait pas très-considérable ; l'enlèvement des cadavres s'opérerait immédiatement ; les équarrisseurs les dépouilleraient de la peau et enfouiraient les autres parties, lorsqu'ils ne s'en serviraient pas pour la fabrication des engrais.

Ces fonctionnaires ont été mal renseignés incontestablement.

Ainsi, un honorable propriétaire a écrit au Conseil que, fréquemment, on voyait près de la rivière, à une faible distance du hameau de Lagrange, commune de Parempuyre, des restes de nombreux chevaux abandonnés sur le sol, après l'enlèvement des peaux et des os, restes qui servaient de pâture aux chiens, et qui cependant étaient assez longtemps exposés au grand air pour répandre au loin une détestable odeur.

Par une lettre sous la date du 28 Juin dernier, M. le Maire de Bordeaux marquait ce qui suit au Conseil :

« Les informations que je me suis hâté de prendre, et sur l'exactitude desquelles j'ai tout lieu de compter, confirment malheureusement les faits qui vous ont été signalés.

» Il est très-vrai que la mortalité a été considérable parmi les chevaux, dans les marais à sangsues, pendant les mois de Mai et de Juin. Dans ce dernier mois, elle a dépassé 300.

» L'insuffisance des moyens de transport et l'inondation des marais rendent fort difficiles l'enlèvement des chevaux morts ; beaucoup restent sur la place. Parmi ces derniers, quelques-uns sont enfouis, mais très-imparfaitement ; d'autres, sont donnés en pâture aux chiens préposés à la garde des marais, et ce qui reste des cadavres à demi-dévorés, se trouve entièrement et indéfiniment abandonné. C'est surtout, m'assure-t-on, dans les communes de Blanquefort et de Parempuyre que la mortalité a été la plus forte cette année.

» L'action de notre police ne peut s'étendre jusque sur ces communes ; mais la portion des marais comprise dans le territoire de Bordeaux, deviendra désormais l'objet d'une surveillance active, et il ne tiendra pas à moi que les faits si graves et si inquiétants pour la salubrité publique qui viennent de vous être révélés, ne s'y reproduisent plus ».

Le 17 Juillet dernier, M. le Maire de Cussac écrivait :

« J'ai appris que le Conseil d'hygiène, dans sa bienveillante sollicitude pour la santé publique, s'occupait des graves inconvénients qui se rattachent à l'établissement des réservoirs à sangsues. Je me permets de vous soumettre quelques observations :

» Il ne m'appartient pas de discuter ici si les lois philanthropiques, qui défendent et punissent ceux qui maltraitent les animaux domestiques, permettent de les faire manger vivants ; mais ayant remarqué ces jours-ci, des rives du Fort-Médoc au chenal de Beychevelle

(distance de 3 à 4 kilom.), dix-sept chevaux morts, et provenant sans doute des établissements à sangsues, lesquels cadavres, délaissés sur les vases par les flots, exhalent une odeur des plus fétides ; j'appelle toute votre attention sur les inconvénients que je vous signale ».

On a cité un éleveur exploitant un marais de 27 hectares, dans la commune de Blanquefort, qui, du mois de Mars au mois de Juin derniers, en quatre mois, a perdu 190 chevaux.

La présence de ces nombreux animaux malades et tarés a commencé à porter de tristes fruits. Ils sont signalés par M. le Médecin-Vétérinaire du département, dans sa lettre du 15 Juillet dernier, ainsi conçue :

« Depuis quelques mois, j'ai été appelé dans les propriétés contiguës à nos marais à sangsues, à constater l'existence et à combattre quelques maladies contagieuses.

« L'espèce chevaline a été plus particulièrement victime.

« Les maladies observées sont la morve et la gale.

« Les propriétaires des animaux atteints, attribuent l'invasion de ces affections à la contagion par les chevaux destinés à l'alimentation des sangsues, et ils redoutent de plus graves accidents pour l'avenir.

« Les divers renseignements que j'ai recueillis sur l'état sanitaire des animaux introduits et entretenus dans nos marais, par bandes nombreuses, justifient complètement le sentiment et les appréhensions des propriétaires. En général, on n'achète et ne sacrifie, pour l'alimentation de la sangsue, que des animaux condamnés déjà par leurs infirmités, tares et maladies, au couteau de l'équarrisseur. Le plus grand nombre peut donc être affecté des maladies les plus graves et les plus dangereuses pour l'espèce chevaline ».

Un autre fait bien grave aussi a été porté à votre connaissance ; c'est celui attaché à l'enlèvement des chevaux morts dans les marais. On les transporte au milieu du jour, au nombre de quatre ou six, sur des charrettes, couverts simplement d'une toile. On leur fait parcourir plusieurs myriamètres pour les remettre aux équarrisseurs. Pendant la durée du trajet, ils répandent une odeur infecte ; il est des voies publiques sur lesquelles ce fait se renouvelle à peu près tous les jours. Plusieurs convois ont été trouvés dans les rues situées au Nord de Bordeaux et conduisant à la route du Médoc.

Ces divers faits, incontestables, prouvent que l'emploi des chevaux et des ânes, pour le gorgement et l'alimentation des sangsues dans les bassins, non-seulement accélère la détérioration des marais, mais peut encore devenir une des causes les plus compromettantes de la santé publique, surtout dans les localités autour desquelles se trouvent des centres de populations, comme à Bordeaux, par exemple, dont les bassins à sangsues ne sont pas éloignés de plus de 3 à 4 kilomètres.

Votre Commission n'a pas cru, Messieurs, devoir entrer dans de plus grands détails sur ce qui a trait à l'industrie des sangsues, vos précédents rapports ayant donné à cet égard toutes les explications qui devaient mettre l'autorité à même de juger les avantages et les inconvénients qui pouvaient être attachés à cette industrie, au quadruple point de vue de l'industrie elle-même, de la salubrité publique, de la conservation des travaux de desséchement, et de l'agriculture. Mais, convaincue que l'emploi des chevaux pour nourrir les sangsues n'est pas indispensable, que ces annélides peuvent se multiplier largement et se développer avec assez de rapidité sans qu'on ait recours à ce moyen, qu'en même temps qu'il répugne à l'humanité, la manière dont on en use ajoute au danger que fait naître l'état des marais, elle pense qu'il doit être interdit de nourrir les sangsues avec du sang des mammifères.

En conséquence, elle vous propose d'ajouter cette disposition à celles formulées dans vos précédents rapports notamment dans celui du 27 Janvier dernier, et de les reproduire ainsi libellés, en insistant pour qu'elles soient adoptées le plus prochainement possible.

Le Conseil d'hygiène et de salubrité est d'avis :

1.° Que les établissements pour la multiplication et l'élève des sangsues doivent être rangés au nombre de ceux réputés insalubres et incommodes, de première classe, qui ne peuvent être formés qu'avec l'autorisation de l'administration, conformément au décret du 15 Octobre 1810 ;

2.° Que l'ingénieur des ponts-et-chaussées, chargé du service hydraulique, soit toujours entendu dans l'instruction des demandes, afin de fixer le régime des eaux ;

3.º Qu'il doit être recommandé aux autorités locales de veiller à ce que les eaux qui alimenteront ces établissements, soient renouvelées, conformément aux prescriptions des autorisations ;

4.º Qu'il soit interdit aux éleveurs d'introduire à aucune époque des chevaux ou autres animaux dans les bassins à sangsues ;

5.º Que des mesures soient prises pour empêcher la vente des sangsues gorgées, quel que soit le moyen employé dans ce but ;

6.º Que les terrains communaux ou jouis en commun, consacrés à l'industrie des sangsues, doivent cesser de recevoir des bestiaux en dépaissance, lorsque les annélides ne sont pas rentrés dans le sol ;

7.º Que les établissements se multipliant, il y a lieu à instituer, sans retard, un ou plusieurs inspecteurs spéciaux, au choix et à la nomination de M. le Préfet qui pourra les révoquer, pour veiller à l'exécution des conditions imposées par les autorisations.

Adopté en séance du Conseil, le 13 Août 1835.

CINQUIÈME RAPPORT

SUR

LA MULTIPLICATION ET L'ÉLÈVE DES SANGSUES.

Marais de M. DEVEZ *, à Ambès.*

MESSIEURS,

Déférant au desir manifesté par M. le Préfet, dans une lettre adressée le 1er du courant, à votre honorable Président, la Commission instituée par vous pour l'examen de squestions se rattachant à l'*Élève des sangsues*, s'est rendue sur la propriété de M. Ed. Devez, à Ambès, pour visiter les marais consacrés à cette industrie, par ce propriétaire.

Ces marais, situés à environ 1000m de distance de la Garonne, sont éloignés de toute habitation ; ils commencent à la limite des terrains d'alluvion. Le sol se compose d'une couche de tourbe, sous laquelle, dans certaines parties, on trouve un terrain mélangé de sable et de gravier qui constitue un fond solide.

M. Devez a eu l'heureuse idée de recourir, pour former son établissement, au système Vayson, dont vous avez eu occasion de signaler les avantages, dans vos rapports des 13 Juillet 1850, et 12 Novembre 1852, insérés au Recueil de vos travaux, tome I, page 345, et tome II, page 459.

L'étendue de cet établissement est d'environ trois hectares. De larges fossés ont été creusés dans le sol, en laissant entr'eux un espace de 2m qui a reçu les terres provenant du creusement, et au moyen desquelles on a disposé des plates-bandes dont la surface se trouve ainsi exhaussée au-dessus du niveau du sol et de celui que devront atteindre les eaux dans les fossés.

Ces plates-bandes sont coupées, de distance en distance, de manière que les fossés de chaque bassin sont en communication entr'eux et offrent un vaste parcours aux sangsues.

Il a été formé plusieurs bassins distincts.

Le plus grand nombre est destiné à l'élève et à la multiplication des sangsues.

Cinq sont réservés pour recevoir les annélides, qui devront subir le jeûne ou dégorgement propre à les rendre marchandes et parfaitement aptes à leur destination médicale.

Les eaux seront tenues constamment au même niveau. Des pompes servant à les introduire dans les fossés et à les évacuer, sont placées de façon à satisfaire à cette double affectation.

C'est au moyen des eaux du fleuve que M. Devez alimentera ses bassins ; elles y seront amenées par un fossé autre que celui qui les rendra à la rivière, disposition essentielle pour que les eaux anciennes puissent être éloignées des bassins, ce qui ne peut avoir lieu complètement là où le même canal sert à la fois à l'introduction et à l'évacuation ; il y a alors, en effet, rencontre des eaux, et celles qui montent refoulent, en partie du moins, celles qui devraient sortir. Le renouvellement n'est jamais opéré en entier.

Les travaux de M. Devez ne sont pas tout-à-fait achevés : le jeu des eaux n'est pas encore en activité ; il n'a pas été possible de s'assurer si elles arriveraient assez abondantes pour en élever suffisamment le niveau, ni de savoir si l'introduction et l'évacuation auraient lieu en tout temps assez rapidement pour qu'il n'y ait jamais stagnation forcée ou dessèchement complet d'une trop longue durée. Néanmoins, il a paru qu'il y avait possibilité de prévenir ces deux circonstances.

M. Devez se propose de nourrir les sangsues avec le sang de chevaux vivants. Ces animaux ne seront pas mis en liberté ; ils seront conduits dans les bassins où ils resteront attachés, pendant peu de temps, et durant lequel on leur donnera des fourrages. Lorsqu'on jugera que la succion devra cesser pour qu'ils n'éprouvent pas un affaiblissement nuisible à leur conservation, ils seront reconduits au pacage ou à l'écurie.

Le système adopté par ce propriétaire, pour ses bassins, constitue une immense amélioration ; il promet de restreindre l'exploitation de l'industrie sur un espace réduit, et conséquemment d'enlever moins de terrains à l'agriculture ; il offre surtout l'important avantage du renouvellement des eaux et du maintien constant de leur niveau au-dessous de la surface des bandes tenues à sec, dans lesquelles les sangsues vont déposer leurs cocons, et où l'incubation s'opère sans qu'on ait besoin, comme dans les autres exploitations en activité, de dessécher, pendant les trois mois de la température la plus élevée, les terrains jusqu'alors submergés et qui, pendant qu'ils restent privés d'eau, répandent des miasmes délétères.

Votre Commission vous propose donc, Messieurs, d'émettre l'avis que l'établissement formé par M. Devez a été conçu dans de bonnes conditions, et qui, complétées qu'elles soient, sont de nature à affaiblir notablement les inconvénients attachés à la multiplication et à l'élève des sangsues. Elle vous propose, en outre, de saisir cette occasion d'exprimer le regret que la classification de cette industrie demandée depuis bientôt quatre ans, n'ait pas encore été décidée. Si elle avait été prononcée, de vastes étendues de marais à sangsues auraient subi la transformation par laquelle ont passé ceux de M. Devez, et l'on aurait mis ainsi un terme à la fâcheuse anxiété qu'éprouvent également et les populations que l'insalubrité menace, et les éleveurs eux-mêmes qui comprennant qu'ils sont dans une mauvaise voie, ne sont pas sans craintes sur la conservation de leur industrie.

Bordeaux, le 14 Avril 1854.

Le Rapporteur,

Signé : CLEMENCEAU.

Adopté en séance, le 14 Avril 1854.

EXTRAITS

DU

RECUEIL DES ACTES ADMINISTRATIFS

(Gironde).

VENTE DES SANGSUES.

Bordeaux, le 7 Novembre 1855.

A MM. les Maires du département.

Monsieur le Maire,

La vente de sangsues *gorgées de sang*, tombe sous l'application de la loi du 27 Mars 1851.

Ce gorgement constitue, en effet, une double fraude.

D'abord, la valeur des sangsues dans le commerce étant en raison de leur poids et de leur volume, ce poids et ce volume se trouvent artificiellement augmentés par le gorgement.

En second lieu, les sangsues gorgées ne prennent pas lorsqu'on les applique sur la peau ou ne tirent, lorsqu'elles prennent, qu'une quantité très-minime de sang, ce qui peut, dans les cas graves où une médication active devient urgente, compromettre sérieusement l'existence des malades.

Dans sa séance du 4 Avril dernier, la Société de Médecine de Bordeaux a présenté les observations suivantes au sujet du gorgement des sangsues et des moyens de le reconnaître :

« Le temps nécessaire pour que la sangsue digère le sang
» dont elle est nourrie, c'est-à-dire pour qu'elle se trouve
» dégorgée, est variable selon l'âge de l'annélide et selon
» les conditions plus ou moins favorables au milieu des-
» quelles elle vit ; on ne saurait donc fixer exactement la
» durée du jeûne nécessaire pour que les sangsues se trou-
» vent complétement dégorgées. Mais les sangsues dégor-
» gées se reconnaissent aisément aux caractères suivants :

« Elles sont très-actives ; elles se contractent en olive *

* Des modifications importantes devront être introduites désormais, dans les signes par lesquels on a cru reconnaître, jusqu'à ce jour, la complète purification des sangsues. Ainsi par exemple, la contraction en olive, ne peut plus être considérée comme un indice certain que ces annélides n'ont que peu ou point de sang dans leur tube digestif. Cet état physique très-prononcé, indique, au contraire, qu'elles en contiennent encore beaucoup ; attendu qu'il ne se manifeste que lorsque les sangsues éprouvent une sensation douloureuse par le contact de la main, d'un linge, ou d'une éponge ; et qu'alors, en se contractant, elles font refouler au centre de leur corps, le sang qui était répandu dans toute la longueur de leur tube digestif. Il est facile de se convaincre qu'une sangsue peut faire l'olive, quatre ou cinq jours après qu'elle s'est complétement gorgée.

D'un autre côté, une sangsue parfaitement vide, n'est plus apte à la succion, si elle est parvenue à cet état de vacuité par un séjour trop prolongé dans l'eau où elle souffre, et ou elle arrive graduellement à l'anéantissement de toutes ses facultés, et par conséquent à l'inertie.

Ce n'est donc plus à ces moyens incomplets et si opposés que l'au-

» lorsqu'on les presse dans les mains ; elles se laissent éti-
» rer en ruban plat et régulier sans laisser échapper de
» sang, et ne tachent pas un linge sec dans lequel on les
» roule en les comprimant ».

Une fraude aussi préjudiciable doit être poursuivie avec
sévérité.

Je vous recommande, en conséquence, Messieurs, de
faire surveiller avec le plus grand soin les débits de sangsues et de faire traduire devant les tribunaux, par application de la loi du 27 Mars 1851 sur la répression de la fraude
dans la vente des marchandises, les individus qui vendraient
des sangsues gorgées de sang.

Recevez, Monsieur le Maire, l'assurance de ma considération très-distinguée.

Le Préfet de la Gironde,

E. De MENTQUE.

torité devra s'attacher, pour reconnaître les sangsues saines et vigoureuses ; mais en veillant avec soin à ce que celles qui sont livrées aux
malades, soient conservées dans un état normal. Alors seulement, la
domesticité au lieu de détruire leurs forces, leur fera acquérir une
plus grande avidité, en les maintenant dans leur état naturel. Jamais,
dans ce cas, leur service ne fera défaut.

(Note de l'Auteur).

ÉPIZOOTIES.

Bordeaux, le 8 Novembre 1855.

A MM. les Maires du département.

Messieurs,

Par une circulaire en date du 1.er Juin 1850, insérée au *Recueil des Actes administratifs* de la même année sous le N.° 199, l'un de mes prédécesseurs a appelé votre attention sur la nécessité de veiller à l'exécution des dispositions prescrites par les lois et réglements pour prévenir les épizooties ou en arrêter les progrès.

Depuis cette époque, l'élève des sangsues, qui a pris une grande extension dans le département et que le Gouvernement voudra sans doute réglementer, ainsi que j'ai eu l'honneur de le proposer à M. le Ministre de l'Agriculture, rend cette surveillance encore plus nécessaire.

On consacre, en effet, à l'alimentation de ces annélides, un grand nombre de chevaux et de bestiaux de peu de valeur qui meurent épuisés.

Des maladies épizootiques pourraient être attribuées à l'introduction de ces animaux dans les marais.

Vous devez rappeler aux éleveurs les dispositions des articles 459, 460 et 461 du Code pénal, relatives aux détenteurs d'animaux soupçonnés d'être infectés de maladies contagieuses, et veiller avec soin à leur exécution.

D'autre part, on s'est plaint de ce que les cadavres des animaux morts dans les bassins à sangsues compromettaient gravement la salubrité publique.

Il importe que ces cadavres soient immédiatement livrés à l'équarrisseur ou enfouis conformément à l'art. 13, titre 2 de la loi des 28 Septembre et 6 Octobre 1791.

L'enfouissement ne peut pas, la plupart du temps, être opéré sur les lieux à cause du peu de profondeur du sol; dans ce cas, et en exécution de la loi précitée, vous devez désigner vous-même l'endroit où il devra être opéré et prescrire toutes les dispositions nécessaires dans l'intérêt de la salubrité.

Je n'ai pas besoin, Messieurs, d'insister sur la nécessité d'assurer rigoureusement l'exécution des mesures que j'indique.

La santé publique y est intéressée, et si, par suite de votre négligence, elle venait à être compromise, votre responsabilité serait gravement engagée.

Recevez, Messieurs, l'assurance de ma considération très-distinguée.

Le Préfet de la Gironde,

E. De MENTQUE.

Pour ampliation :

Le Secrétaire-général,

DOSQUET.

TABLE.

RAPPORTS SUR LES ÉTABLISSEMENTS DESTINÉS A LA MULTIPLICATION ET A L'ÉLÈVE DES SANGSUES.

FIN DE LA TABLE.

ERRATA.

Page 45 et ligne 12me, au lieu de lire *couvrir le tiers*, lisez *les deux tiers*.

Page 85 et ligne 10me, au lieu de lire *pourvues des sexes*, lisez *des deux sexes*.

Page 126 et ligne 10me, au lieu de lire, leur serait par conséquent *terrible*, lisez *nuisible*.

Page 150 et ligne 10me, au lieu de lire *dans le chapitre de ce livre*, lisez *dans le chapitre de notre première édition*.

BORDEAUX. — IMPRIMERIE DE TH. LAFARGUE, LIBRAIRE.